Versuche

über

Ventilbelastung und Ventilwiderstand.

Von

C. Bach,

Professor am K. Polytechnikum Stuttgart.

Mit 5 lithographirten Tafeln.

Springer-Verlag Berlin Heidelberg GmbH 1884

ISBN 978-3-662-31779-2   ISBN 978-3-662-32605-3 (eBook)
DOI 10.1007/978-3-662-32605-3

Vorwort.

Obgleich Millionen Ventile in Gebrauch sind, so fehlt uns doch noch vollständig die durch Versuche festgestellte Grundlage zur Berechnung der Kraft, welche der ein geöffnetes Ventil passirende Flüssigkeitsstrom gegenüber diesem bethätigt und deren Grösse die erforderliche Ventilbelastung bestimmt. Sachlich ganz gleich verhält es sich mit den Erfahrungscoefficienten zur Beurtheilung des Widerstandes, welchen Ventile dem Durchflusse der Flüssigkeit bei verschiedener Hubhöhe entgegensetzen. Was in dieser Beziehung vorliegt, ist bei einer Sachlage gewonnen, welche weit abweicht von derjenigen, die unseren heutigen Constructionen entspricht (vergl. § 1).

Diese praktischen Bedürfnisse führten zur Anstellung der Versuche, über welche die vorliegende Arbeit berichtet.

Stuttgart, im Mai 1884.

C. Bach.

Inhaltsverzeichniss.

§ 1. Ziel, Umfang und Durchführung der Versuche.

Der Zweck der angestellten Versuche besteht in der Gewinnung der für technische Rechnungen erforderlichen Erfahrungsgrundlagen zur Beurtheilung

a) der Kraft, mit welcher das geöffnete Ventil (einer Pumpe etc.) belastet werden muss, um sich in dieser Lage gegenüber der von der strömenden Flüssigkeit bethätigten Wirkung im Gleichgewicht zu befinden, also der Ventilbelastung,

b) der hydraulischen Bewegungswiderstände, welche mit dem Passiren der Flüssigkeit durch Ventile bei verschieden grosser Erhebung derselben vom Sitze verknüpft sind, also des Ventilwiderstandes.

Nach Wissen des Verfassers liegen über die erforderliche Ventilbelastung Versuche überhaupt noch nicht vor, über den Ventilwiderstand von Hubventilen nur auf einziges Ventil sich erstreckende Versuche Weisbach's. Das Hubventil, für welches Weisbach, dem die Hydraulik so ausserordentlich viel zu verdanken hat, den Widerstandscoefficienten vor mehr als 40 Jahren (1841) bestimmte, zeigt die Fig. 1, Tafel 5. Wie ersichtlich, besitzt dasselbe kegelförmige Dichtungsfläche und ist in eine Rohrleitung von 40 mm Lichtweite eingeschaltet, eine Oeffnung von 23,86 mm Durchmesser bedeckend. Leider haben die hiermit erlangten Resultate einen praktischen Werth nicht, weil die Sachlage, wie sie die Figur zur Anschauung bringt, (also ganz abgesehen von den geringen Dimensionen des Versuchsventiles), so ausserordentlich verschieden ist von den heutigen Ausführungen (vgl. Tafel 2 etc.), dass der Constructeur ausser Stande ist, die dort erlangten Zahlen hier anzuwenden. Der heutige Maschinenbau pflegt — um nur eines anzuführen — das Ventil in ein reichlich weites Gehäuse zu setzen, so dass die Ventilöffnung denselben Querschnitt aufweist, wie die Zuleitung. Bei dem Weisbach'schen Ventil dagegen fand eine Verengung auf

$$\frac{\frac{\pi}{4} \cdot 2{,}386^2}{\frac{\pi}{4} \cdot 4{,}000^2} = 0{,}356 \text{ d. s. } 35{,}6\%$$

statt. Infolgedessen ergab sich auch der Widerstandscoefficient z. B. bei der heute üblichen Hubhöhe von $\frac{0{,}51}{2{,}386} = 0{,}21$ mal Durchmesser zu 27,46 (Tabelle XXVII S. 70 des unten genannten Weisbach'schen Werkes), während bei rationeller Anordnung eines solchen Kegelventiles die Versuche des Verfassers für 0,20 Durchmesser als Hubhöhe nur 2,25 (Tabelle 10 dieser Schrift) liefern d. h. nur $^1/_{12}$ von dem Weisbach'schen Coefficienten.

Hinsichtlich der von Weisbach, welcher — nebenbei bemerkt — mit während des Versuchs veränderlicher Druckhöhe arbeitete, gewonnenen Resultate sei auf dessen Arbeit „Versuche über den Ausfluss des Wassers durch Schieber, Hähne, Klappen und Ventile", Leipzig 1842 S. 68 bis 72, oder auf den Bericht hierüber in Rühlmann, Hydromechanik, Hannover 1880 S. 520 und 521, in Grashof, Theor. Maschinenlehre 1. Band S. 505 bis 507 u. s. w. verwiesen.

In Verfolgung des oben bezeichneten Zieles hat Verfasser den auf Tafel 1 und 2 dargestellten Versuchsapparat construirt, der gestattet, mit während des Versuchs constanter Druckhöhe zu arbeiten.

Das aus der Wasserleitung entnommene Wasser tritt durch den bei A angekuppelten und daselbst mittelst eines Hahnes absperrbaren Schlauch in das cylindrische Gefäss AB. Von hier fliesst es bei geöffneter Klappe E (dieselbe war entweder ganz offen oder vollständig geschlossen) durch die horizontale Leitung D in das vertikale Rohr F, welches sich oben allmählich auf den Durchmesser der Ventilöffnung verengt. Hier ist nun das Ventilgehäuse mit Ventil aufgesetzt, für welches die Ventilbelastung und der Widerstandscoefficient bestimmt werden soll. Tafel 2 lässt das Detail in grösserem Massstabe erkennen. Der in das Ventil eingeschraubte aufwärtsführende Stift ermöglicht die Messung des Ventilhubes, sowie die Feststellung der Ventilbelastung durch Auflegen von Gewichten auf die oben befindliche Schale. Bei gehobenem Ventile tritt das Wasser nach dem Verlassen des Ventilgehäuses in das trichterförmige Gefäss H, fliesst über den oberen Rand in das Gefäss G und von hier aus zum Zwecke der Gewichtsbestimmung in das auf einer Brückenwage stehende Reservoir.

Das Wasser strömt während des Versuchs bei A in einer solchen Menge zu, dass immer ein Ueberfall an der oberen, in einer horizontalen Ebene liegenden Mündung des Gefässes AB vorhanden ist. Das übergeflossene Wasser entweicht bei C durch eine Rohrleitung. Damit die lebendige Kraft, mit welcher die Flüssigkeit bei A eintritt, nicht in Betracht gezogen zu werden braucht und damit der Wasserspiegel ein ruhiger ist, wurde in der Mitte die Scheidewand B angeordnet. Thatsächlich war der Wasserspiegel im Cylinder AB während aller Versuche ein vollkommen ruhiger. Im Trichtergefäss H, dessen oberer Rand gleichfalls horizontal zu stellen war mittelst der Muttern dreier Stellschrauben J, erschien der Wasserspiegel nur beim Ausfluss kleiner Wassermengen ruhig;

bei grösseren Wassermengen gerieth er in Bewegungen, zu
deren Milderung auf das in der Mitte befindliche Führungs-
rohr eine Holzscheibe (bei H punktirt gezeichnet) so aufgesetzt
wurde, dass der hierdurch entstehende ringförmige Querschnitt
noch rund 500 Quadratcentimeter betrug.

Zur Messung der Niveaudifferenz H war auf die Mündungs-
ebene des Cylinders AB ein eisernes Lineal wagerecht auf-
gelegt, das bis über die Mitte des Trichters H reicht. Das
Mass des Abstandes der Linealunterkante von dem Wasserspiegel in H, vermehrt um die gewöhnlich nur wenige Millimeter betragende Ueberfallhöhe (in AB), lieferte die Grösse H.
In der Regel wurde dieselbe für jeden Versuch zweimal fest-
gestellt und bei Abweichungen (welche höchstens bis 1,5 mm
betrugen), das arithmetische Mittel genommen. Diese zwei-
malige Messung war auch mit Rücksicht auf die bei grösseren
Ausflussmengen vorhandene Bewegung des Wasserspiegels in
H nothwendig, damit die Feststellung der mittleren Lage dieses Wasserspiegels durch zwei von einander unabhängige Be-
obachtungen erfolgte.

Mit der Niveaudifferenz H konnte innerhalb der Grenzen
von etwa 80 bis 960 mm variirt werden, durch Verstellung
der Muttern der drei bereits erwähnten Stellschrauben J, von
denen in der Zeichnung nur eine zu sehen ist.

Die Wassermengen wurden nach Massgabe des Erwähnten durch ihr Gewicht bestimmt, welche Feststellung rascher
auszuführen ist, als Volumenbestimmungen und welche auch
sicherere Resultate ergiebt. Da die höchste Temperatur des
Wassers nicht mehr als 9,5° betrug, so erschien es zulässig,
ein Kilogramm gleich einem Cubikdecimeter zu setzen.

Jeder vollständige Versuch umfasste nach dem Vor-
stehenden die Beobachtung der Hubhöhe h des Ventils, der
Niveaudifferenz H, der Versuchsdauer t, der während t
Sekunden durch den Querschnitt f der Ventilsitzöffnung mit

der Geschwindigkeit c passirten Kilogramm Wasser, sowie der Ventilbelastung P. Letztere ergab sich als die Summe aus dem eignen Gewicht des Ventils im Wasser (also Gewicht im luftleeren Raum vermindert um den Auftrieb im Wasser), aus dem Gewicht der in das Ventil eingeschraubten und oben die Gewichtsschale tragenden Stange im Wasser, soweit sie sich im Wasser befand, in der Luft, soweit sie ausserhalb des Wassers stand, und aus den auf die Gewichtsschale aufgelegten Gewichten.

Der Widerstandscoefficient ζ des Ventils fand sich aus den beobachteten Grössen durch die Erwägung, dass die Druckhöhe H verwendet wird

1. zur Erzeugung der Geschwindigkeit c,
2. zur Ueberwindung der Bewegungswiderstände, welche sich dem Wasser auf dem Wege von dem Gefässe AB bis nach F bieten und die wir mit Einschluss der unter 4 genannten Widerstände durch die Geschwindigkeitshöhe $\zeta_o \dfrac{c^2}{2\,g}$ messen wollen,
3. zur Ueberwindung des Ventilwiderstandes $\zeta \dfrac{c^2}{2\,g}$,
4. zur Ueberwindung der Bewegungswiderstände, welche das entweichende Wasser vom Austritt aus dem Ventilgehäuse an bis zum Ueberfall aus dem Trichter H findet.

Demnach

$$H = \frac{c^2}{2\,g} + \zeta_o \frac{c^2}{2\,g} + \zeta \frac{c^2}{2\,g} = \frac{c^2}{2\,g}\left(1 + \zeta_o + \zeta\right)$$

$$\zeta = \frac{H}{\dfrac{c^2}{2\,g}} - \left(1 + \zeta_o\right) \quad . \quad . \quad . \quad . \quad . \quad . \quad 1$$

Zur Bestimmung von ζ_o wurden 4 Versuche gemacht durch

Ausfliessenlassen des Wassers, ohne dass das Ventil und dessen Führung eingesetzt war. Es ergab sich

	Versuchsdauer.	Wassermenge.	Niveaudifferenz.
I.	180 Sekunden	455 Kilogramm	0,086 Meter
	180 „	460 „	0,086 „
II.	120 „	454 „	0,191 „
	120 „	452 „	0,191 „

Hieraus folgt

für die Versuche	I.	II.
die ausgeflossene Wassermenge pro Sekunde	2,542	3,775 Kilogr.
die Geschwindigkeit c, da $f = 0,001964\ \square\,\mathrm{m}$	1,294	1,922 Meter

und wegen

$$0,086 = (1 + \zeta_0)\frac{1,294^2}{19,62}$$

beziehungsweise

$$0,191 = (1 + \zeta_0)\frac{1,922^2}{19,62}$$

		I.	II.
$1 + \zeta_0$	$=$	$\dfrac{0,086 \cdot 19,62}{1,294^2}$	$\dfrac{0,191 \cdot 19,62}{1,922^2}$
	$=$	1,008	1,014
ζ_0	$=$	0,008	0,014
ζ_0 im Mittel	$=$	0,011	

Gegen die Richtigkeit der Gleichung, welche zur Beziehung (1) führte, lässt sich einwenden, dass sie die Rückbildung von Geschwindigkeitshöhe in Druckhöhe auf dem Wege des Wassers durch das trichterförmige Gefäss H nicht berücksichtige. Thatsächlich ist aber diese Rückbildung durch die Art der Feststellung von ζ_0 in Rechnung genommen; es erscheint eben ζ_0 infolge derselben kleiner, als es der Fall sein würde, wenn eine solche Umwandlung nicht stattgefunden hätte.

Ferner lässt sich noch geltend machen, dass ζ_0 bei eingesetztem Ventil etwas grösser sein werde, als ermittelt, da durch die drei Stege, welche die Ventilführung (Tafel 2) halten, eine Verengung eintritt. Dies ist zuzugeben, dagegen darauf hinzuweisen, dass diese Stege von verhältnissmässig geringer Stärke (4 mm) und überdies zugeschärft sind, sowie dass durch Einführung eines etwas zu kleinen ζ_0 in Gl. 1 die hieraus bestimmten Werthe von ζ jedenfalls eher etwas zu gross als zu klein erhalten werden, was ganz im Sinne unsrer praktischen Zwecke liegt.

Unter Beachtung des bei derartigen technischen Rechnungen überhaupt erreichbaren Genauigkeitsgrades führen wir in Gl. 1 für $\zeta_0 = 0{,}01$ ein und erhalten damit

$$\zeta = \frac{H}{\dfrac{c^2}{2\,g}} - 1{,}01 \quad . \quad . \quad . \quad . \quad . \quad . \quad 2$$

Hinsichtlich des Umfanges der Versuche sei schliesslich noch bemerkt, dass denselben 9 Hubventile (Fig. 2 bis 10, Tafel 5) unterworfen wurden, welche für eine Ventilöffnung von 50 mm construirt sind. Doch ist durch die Anordnung des Ringes K, Tafel 2 dafür Sorge getragen, dass später auch Versuche mit Ventilen von 80 mm Weite vorgenommen werden können.

Die Versuchsventile Fig. 2 bis 8, Tafel 5 waren an der ganzen Unterfläche bearbeitet, diejenigen Fig. 9 und 10 dagegen nur an der Dichtungsfläche und an den führenden Flächen der Rippen. Die Mantelfläche des Tellers, sowie die obere Stirnfläche und die Führungsstange wurden bei allen Ventilen gedreht, die letztere überdies, ebenso wie die führenden Flächen der Rippen, in Richtung der Achse abgeschlichtet. Die Wandungen des Ventilgehäuses blieben unbearbeitet. Der Hohlcylinder der Ventilsitzöffnung wurde ausgebohrt.

Die Ausdehnung der Versuche auf andere Hubventile, sowie auf Klappenventile musste infolge anderweitiger Inanspruchnahme des Verfassers und mit Rücksicht auf sonstige Verhältnisse für später vorbehalten bleiben. Aus den gleichen Gründen konnte auch die rein wissenschaftliche Seite der Sache nicht weiter verfolgt werden, als es geschehen ist.

§ 2.   Gleichungen für Ventilbelastung und Ventilwiderstand.

Für das auf Tafel 2 im Detail und auf Tafel 1 im Zusammenhange mit dem ganzen Versuchsapparat gezeichnete Ventil sei

f der Querschnitt der Ventilsitzöffnung,

h die veränderliche Hubhöhe,

u der Umfang des Cylindermantels, durch welchen die Flüssigkeit nach auswärts entweicht, gemessen an der Peripherie von f,

c die Geschwindigkeit, mit welcher das Wasser unter dem Ventil ankommt, also durch f fliesst,

c_1 die Geschwindigkeit, mit welcher die Flüssigkeit durch den Mantel hu strömt.

Zur Berechnung der zu Anfang des § 1 unter a definirten Ventilbelastung P, hinsichtlich deren Ermittlung durch Beobachtung ebenfalls auf § 1 (S. 5) verwiesen sei, hat Verfasser bereits früher*) die Gleichung

---

*) S. dessen 1882 erschienene Arbeit: „Die allgemeinen Grundlagen für die Construction der Kolbenpumpen" (§ 6), Anhang zu „Die Construction der Feuerspritzen", Stuttgart.

$$P = \frac{c^2}{2\,g}\, f\, \gamma \left[\varkappa + \left(\frac{f}{\mu\, h\, u} \right)^2 \right] \quad . \quad . \quad . \quad . \quad 3$$

aufgestellt*). Zu ihr führt folgender Gedankengang.

P setzt sich aus zwei Theilen zusammen. Der erste Theil P_1 rührt her von der Kraft, welche der an der unteren Ventilfläche abgelenkte Flüssigkeitsstrom infolge dieser Ablenkung auf das Ventil äussert. Der zweite Theil P_2 entsteht daraus, dass die Pressung der Flüssigkeit unterhalb des Ventils sich von der oberhalb desselben herrschenden unterscheidet. Es ist

$$P_1 = \varkappa_1 \frac{c^2}{2\,g} f\, \gamma \quad . \quad . \quad . \quad . \quad . \quad . \quad 4$$

$$P_2 = (p_u - p_o)\, f \quad . \quad . \quad . \quad . \quad . \quad . \quad 5$$

sofern noch bezeichnet

$\varkappa_1$ einen Erfahrungscoefficienten, welcher von der Detailconstruction des Ventils, sowie von der Umgebung desselben abhängt, und der unter sonst gleichen Verhältnissen um so grösser ist, je mehr der aus f kommende Wasserstrom von seiner Richtung abgelenkt wird,

$g = 9{,}81$ die Beschleunigung der Schwere,

γ das Gewicht der Volumeneinheit Flüssigkeit,

p_u die Pressung der Flüssigkeit unterhalb des Ventils,

p_o „ „ „ „ oberhalb „ „

und vorausgesetzt wird, dass bei dem geöffneten Ventil zwischen den Dichtungsflächen die Pressung p_o vorhanden.

Nun ist weiter

$$c_1 = \varphi \sqrt{\varkappa_2\, c^2 + 2g\, \frac{p_u - p_o}{\gamma}} \quad . \quad . \quad . \quad . \quad 6$$

wenn

φ der Geschwindigkeitscoefficient,

---

*) Ueber die verschiedenen hierfür aufgestellten Gleichungen s. Zeitschrift des Vereines deutscher Ingenieure 1883, S. 789 u. f.

$\varkappa_2 \dfrac{c^2}{2g}$ derjenige Theil der Geschwindigkeitshöhe $\dfrac{c^2}{2g}$, welcher unter Umständen zur Erzeugung von c_1 verbleibt.

Ferner besteht die Beziehung

$$c f = \alpha_1\, c_1\, h\, u$$

$$c_1 = c\, \frac{f}{\alpha_1\, h\, u} \ . \ \ . \ \ . \ \ . \ \ . \ \ . \ \ 7$$

worin

α_1 ein von den Contractionsverhältnissen abhängiger Coefficient.

Damit wird aus Gl. 6

$$\left(c\, \frac{f}{\alpha_1\, \varphi\, h\, u} \right)^2 = \varkappa_2\, c^2 + 2g\, \frac{p_u - p_o}{\gamma}$$

$$p_u - p_o = \frac{c^2}{2g}\, \gamma \left[\left(\frac{f}{\alpha_1\, \varphi\, h\, u} \right)^2 - \varkappa_2 \right]$$

und nach Einführung des Werthes für die Pressungsdifferenz in die Gleichung, welche ausspricht, dass $P = P_1 + P_2$,

$$P = P_1 + P_2 = \varkappa_1\, \frac{c^2}{2g}\, f\, \gamma + (p_u - p_o)\, f$$

$$P = \frac{c^2}{2g}\, f\, \gamma \left[\varkappa_1 - \varkappa_2 + \left(\frac{f}{\alpha_1\, \varphi\, h\, u} \right)^2 \right]$$

$$= \frac{c^2}{2g}\, f\, \gamma \left[\varkappa + \left(\frac{f}{\mu\, h\, u} \right)^2 \right]. \ \ . \ \ . \ \ . \ \ . \ \ 3$$

wenn gesetzt wird

$$\varkappa_1 - \varkappa_2 = \varkappa \qquad\qquad \alpha_1\, \varphi = \mu \ \ . \ \ . \ \ . \ \ . \ \ . \ \ 8$$

Hierbei erscheint die Grösse μ zunächst zwar nur als Ausflusscoefficient, thatsächlich aber haftet ihr, da die bei Aufstellung der Gleichung 5 gemachte Voraussetzung nur unvollkommen zutreffen wird, der Charakter eines allgemeinen Correctionscoefficienten an.

Die Bewegungswiderstände, welche durch das Ventil veranlasst werden und deren Summe wir als Ventilwiderstand bezeichnen, entstehen durch die Ablenkung des Flüssigkeitsstromes von der achsialen Richtung, durch die Aenderung der Geschwindigkeit beim Uebergang dieses Stromes aus f nach $h\,u$, durch die Reibung an der unteren Fläche des Ventils und der vom Flüssigkeitsstrom berührten Fläche des Ventilsitzes, durch die Richtungs- und Querschnittsänderungen, welche die Flüssigkeit im Ventilgehäuse erfährt, und bei vorhandener unterer Führung des Ventiles ausserdem noch durch die von der letzteren veranlassten Querschnittsänderungen, sowie durch die Reibung an den Flächen des Führungskörpers. Der dermalige Stand der Hydraulik gestattet nicht, die genannten Widerstände einzeln zu bestimmen; er zwingt vielmehr zu einem summarischen Verfahren. Diesen Weg einschlagend, setzen wir sie für ein und dasselbe Ventil in einem bestimmten Ventilgehäuse (beide als rationell construirt vorausgesetzt) zu einem Theile proportional der Geschwindigkeitshöhe $\dfrac{c^2}{2\,g}$, zum andern proportional der Geschwindigkeitshöhe $\dfrac{c_1{}^2}{2\,g}$, so dass der gesammte Ventilwiderstand durch

$$\zeta \frac{c^2}{2\,g} = \zeta_1 \frac{c^2}{2\,g} + \zeta_2 \frac{c_1{}^2}{2\,g}$$

gemessen wird, worin

ζ der Widerstandscoefficient des Ventils,
ζ_1 und ζ_2 Erfahrungscoefficienten sind.

Durch Einführung des Werthes c_1 aus Gleichung 7

$$\zeta \frac{c^2}{2\,g} = \frac{c^2}{2\,g} \left[\zeta_1 + \frac{\zeta_2}{\alpha_1{}^2} \left(\frac{f}{h\,u} \right)^2 \right]$$

$$\zeta = \zeta_1 + \frac{\zeta_2}{\alpha_1{}^2} \left(\frac{f}{h\,u} \right)^2 \quad . \quad . \quad . \quad . \quad . \quad . \quad 9$$

Für sämmtliche den Versuchen unterworfenen Ventile ist (Fig. 2, Tafel 5)

$$f = \frac{\pi}{4}\, d^2$$

und für die Tellerventile ohne untere Führung

$$u = \pi\, d$$

Damit wird aus Gl. 9

$$\zeta = \zeta_1 + \frac{\zeta_2}{16\,\alpha_1{}^2} \left(\frac{d}{h}\right)^2$$

und nach Zusammenziehung der Coefficienten des zweiten Gliedes und Einführung von

$$\alpha = \zeta_1 \qquad \beta = \frac{\zeta_2}{16\,\alpha_1{}^2}$$

$$\zeta = \alpha + \beta \left(\frac{d}{h}\right)^2 \quad \ldots \ldots \quad 10$$

Gleichung 3 ergiebt nach Substitution der obigen Werthe für f und u

$$P = \frac{c^2}{2\,g}\, f\gamma \left[\varkappa + \left(\frac{d}{4\,\mu h}\right)^2\right] \quad \ldots \ldots \quad 11$$

Die erlangten Versuchsresultate werden ermöglichen, zu-prüfen, inwieweit die im Vorstehenden aufgestellten Gleichungen als giltig angesehen werden dürfen, und zu ermitteln, welche Erfahrungswerthe für die Coefficienten α und β (Gl. 10), $\varkappa$ und μ (Gl. 11) einzuführen sind.

§ 3. Tellerventil mit oberer Führung und ebener Begrenzung der unteren Fläche.

Diese Ventilconstruction musste als diejenige angesehen werden, für welche die Abhängigkeit der Ventilbelastung und des Ventilwiderstandes von der Hubhöhe und im ersteren

Falle auch von der Geschwindigkeit umfassend festzustellen war. Dementsprechend wurde hier eine wesentlich grössere Anzahl von Versuchen durchgeführt, als bei den meisten der übrigen Ventile. Ebenso erschien es angezeigt, für die vorliegende Construction den Einfluss der Dichtungsfläche zu ermitteln. Zu diesem Zweck wurden zwei Ventile dieser Art den Versuchen unterworfen: das eine mit knapp bemessener, immerhin aber noch als normal anzusehender, das andere mit verhältnissmässig sehr grosser Breite der Dichtungsfläche.

I. Tellerventil mit normaler Breite der Dichtungsfläche.

Fig. 2, Tafel 5.

$$d = 50 \text{ mm} \quad d_1 = 60 \text{ mm} \quad d_2 = 90 \text{ mm}$$

Querschnitt der Ventilsitzöffnung . . . . $f = \dfrac{\pi}{4} d^2 = \dfrac{\pi}{4} \cdot 0{,}050^2 = 0{,}001964 \; \square\text{m}$

Ringförmiger Querschnitt zwischen Ventilteller und Gehäusewandung . . . . $F = \dfrac{\pi}{4}(0{,}090^2 - 0{,}060^2) = 0{,}003534 \; \square\text{m}$

d. i. . . . . $F = 1{,}80\,f.$

1. Ventilbelastung.

Die beobachteten Grössen mit Ausnahme der Niveaudifferenzen, welche in Tabelle 2 aufgenommen sind, finden sich in den Vertikalcolumnen 2, 3, 4 und 9 der auf folgender Seite stehenden Tabelle 1.

Um ein anschauliches Bild über die Veränderlichkeit der Ventilbelastung P mit der Hubhöhe h zu erhalten, fassen wir im Folgenden diejenigen Werthe von P, welche bei angenähert derselben Niveaudifferenz erhalten wurden, zusammen.

Tabelle 1.

№	Ventilhub h Meter	Versuchsdauer t Sekunden	Wassermenge Q Kilogramm	Wassermenge pro Sekunde $\frac{Q}{t}$ Kilogramm Einzeln	Durchschnitt	Geschwindigkeit $c = \frac{Q}{1000\,ft}$ Meter	Geschwindigkeitshöhe $\frac{c^2}{2g}$ Meter	Ventilbelastung beobachtet P_1 Kilogramm	berechnet P Kilogramm	Differenz $P-P_1$ Kilogramm	in Procenten $100\,\frac{P-P_1}{P_1}$
1.	2.	3.	4.	5.	6.	7.	8.	9.	10.	11.	12.
1	0,0256	120	466	3,883	3,879	1,975	0,199	1,045	1,047	+ 0,002	+ 0,2
2	0,0256	120	465	3,875							
3	0,0253	90	449	4,989	4,994	2,543	0,330	1,756	1,749	— 0,007	— 0,4
4	0,0253	90	450	5,000							
5	0,0247	255	684	2,682	2,671	1,360	0,0943	0,509	0,507	— 0,002	— 0,4
6	0,0247	150	399	2,660							
7	0,0165	120	276	2,300	2,287	1,164	0,0691	0,494	0,513	+ 0,019	+ 3,8
8	0,0165	120	273	2,275							
9	0,0165	105	534	5,086	5,076	2,584	0,341	2,376	2,532	+ 0,156	+ 6,2
10	0,0165	105	532	5,067							
11	0,0140	120	357	2,975	2,975	1,515	0,117	1,006	1,032	+ 0,026	+ 2,5
12	0,0140	120	357	2,975							
13	0,0126	120	434	3,617	3,633	1,850	0,174	1,711	1,733	+ 0,022	+ 1,3
14	0,0126	120	438	3,650							
15	0,0101	120	450	3,750	3,696	1,881	0,180	2,301	2,374	+ 0,073	+ 3,1
16	0,0101	120	437	3,642							
17	0,0058	—	—	—	—	—	—	0,920	—	—	—
18	0,0056	120	126	1,050	1,037	0,528	0,0142	0,450	0,445	— 0,005	— 1,2
19	0,0056	120	123	1,025							
20	0,0056	120	238	1,983	1,975	1,006	0,0515	1,604	1,614	+ 0,010	+ 0,6
21	0,0056	120	236	1,967							
22	0,0051	120	264	2,200	2,183	1,111	0,0629	2,183	2,279	+ 0·096	+ 4,2
23	0,0051	120	260	2,167							
24	0,0031	120	169	1,408	1,404	0,715	0,0261	2,091	2,043	— 0,048	— 2,3
25	0,0031	120	168	1,400							
26	0,0009	180	46,5	0,2582	0,2598	0,1323	0,000892	0,351	0,353	+ 0,002	+ 0,6
27	0,0009	180	47	0,2614							

Bemerkung: Bei Versuch 9 und 10 konnte die Zeitbeobachtung, da das Gefäss G, (Tafel 1) sich zu rasch füllte, nicht mit der nöthigen Genauigkeit durchgeführt werden. Die Werthe der Columne 10 sind aus Gleichung 14 gewonnen.

Bei Versuch 17 betrug die Niveaudifferenz 0,394 Meter.

a) $H = 190$ bis 195,5 Millimeter.

$h =$	0,9	5,6	16,5	24,7 Millimeter
$P =$	351	450	494	509 Gramm
$H =$	195,5	192	190	190 Millimeter.

b) $H = 387$ bis 394 Millimeter.

$h =$	5,9	14,0	25,6 Millimeter
$P =$	920	1006	1035 Gramm
$H =$	394	392	389 Millimeter.

c) $H = 690$ bis 694 Millimeter.

$h =$	5,6	12,6	25,3 Millimeter
$P =$	1604	1711	1756 Gramm
$H =$	694	690	690 Millimeter.

d) $H = 938$ bis 948 Millimeter.

$h =$	3,1	5,1	10,1	16,5 Millimeter
$P =$	2091	2183	2301	2376 Gramm
$H =$	948	—	945	939 Millimeter.

Die graphische Darstellung dieser Ergebnisse derart, dass die Werthe h als vertikale Abscissen, die Werthe P als horizontale Ordinaten aufgetragen werden, liefert die vier ausgezogenen Curven aa, bb, cc, und dd, Fig. 1, Taf. 3. Wie ersichtlich, entspricht innerhalb des Gebietes der Hubhöhen, für welche beobachtet wurde, einer grösseren Hubhöhe auch eine grössere Ventilbelastung, so dass ausgesprochen werden kann: bei nahezu gleichbleibender Druckhöhe H, welche zum Ausströmen der Flüssigkeit durch das Ventil zur Verfügung steht, wächst die vom Wasserstrome auf das letztere ausgeübte Kraft (jedenfalls für Hubhöhen bis $\frac{d}{2}$) mit zunehmender Erhebung.

Untersucht man nun, inwieweit die Versuchsresultate die in § 2 aufgestellte Gleichung 3 und die daraus abgeleitete Gleichung 11 bestätigen, so findet sich, dass

α) für das Gebiet, innerhalb dessen die Hubhöhen zu schwanken pflegen, für welche ein praktisches Bedürfniss zur Ermittlung der Ventilbelastung vorliegt, d. i.

$$h = \frac{d}{10} \text{ bis } \frac{d}{4}$$

die Gleichung

$$P = 1000 f \frac{c^2}{2g}\left[\varkappa + \left(\frac{d}{4\,\mu\,h}\right)^2\right] \quad . \quad . \quad . \quad . \quad 11$$

Werthe liefert, welche mit den beobachteten ziemlich gut übereinstimmen, während

β) für das ganze Versuchsgebiet, welches

$$h = \frac{d}{50} \text{ bis } \frac{d}{2}$$

umfasst, eine Gleichung von der Form

$$P = 1000 f \frac{c^2}{2g}\left[\varkappa + \left(\frac{d}{4\,\mu\,(a+h)}\right)^2\right]. \quad . \quad . \quad 12$$

zu wählen sein würde.

Zu α. Für die Hubhöhen

$$h = \frac{d}{10} \text{ bis } \frac{d}{4}$$

setzen wir, im Interesse der praktischen Verwendung Werth auf abgerundete Coefficienten legend,

$$\left.\begin{aligned} P = 1000 f \frac{c^2}{2g}&\left[\varkappa + \left(\frac{d}{4\,\mu\,h}\right)^2\right] \\ \varkappa = 2{,}5 \qquad &\mu = 0{,}62 \end{aligned}\right\} \quad . \quad . \quad . \quad . \quad 13$$

Für	$h =$	12,6	10,1	5,6	5.6	5,1 mm
und	$c =$	1,850	1,881	0,528	1,006	1,111 m
ergiebt der Versuch	$P_1 =$	1,711	2,301	0,450	1,604	2,183 kg
die Gleichung 13	$P =$	1,730	2,292	0,435	1,563	2,239 „
demnach letztere mehr	$P - P_1 =$	+0,019	−0,009	−0,015	−0,041	+0,056 „
in Procenten	$100\frac{P-P_1}{P_1} =$	+1,1	−0,4	−3,3	−2,6	+2,6 „

Hiernach besteht zwischen den Werthen, welche die Gleichung 13 für P liefert, und den aus den Versuchen folgenden Ventilbelastungen eine Uebereinstimmung bis auf 3,3 %.

Zu β. Für die das ganze Versuchsgebiet umfassenden Hubhöhen

$$h = \frac{d}{50} \text{ bis } \frac{d}{2}$$

setzen wir nach Massgabe der Gleichung 12

$$P = 1000 f \frac{c^2}{2\,g}\left[\varkappa + \left(\frac{d}{4\,\mu\,(0{,}0008 + h)}\right)^2\right] \quad . \quad . \quad 14$$
$$\varkappa = 1{,}85 \qquad \mu = 0{,}52$$

mit dem Meter als Längeneinheit.

Die Uebereinstimmung bezw. die Abweichung zwischen Rechnung und Versuch lässt die Tabelle 1 erkennen: sie giebt in Col. 9 die beobachteten, Col. 10 die nach Gleichung 14 berechneten Werthe von P, in Col. 11 die Differenzen, in Col. 12 die Differenzen in Procenten der Col. 9. Bis auf die Versuche 9 und 10, welche infolge mangelhafter Zeitbeobachtung fehlerhaft sind, schliessen sich die berechneten Ventilbelastungen den beobachteten ziemlich gut an.

2. Ventilwiderstand.

Die hierfür massgebenden und durch Beobachtung gewonnenen Grössen finden sich in den Columnen 2 bis 5 der Tabelle 2, die Columnen 6 bis 10 enthalten die hieraus durch Rechnung abgeleiteten Werthe (vgl. § 1, Gl. 1 und 2).

Zur Veranschaulichung der Veränderlichkeit des Widerstandscoefficienten mit dem Ventilhube sind in Fig. 2 Tafel 3 zu den Hubhöhen als vertikale Abscissen die zugehörigen Widerstandscoefficienten als horizontale Ordinaten aufgetragen

Tabelle 2.

№ 1.	Ventil- hub h Meter 2.	Niveau- differenz H Meter 3.	Ver- suchs- dauer t Se- kunden 3.	Wasser- menge Q Kilogramm 4.	Wassermenge pro Sekunde $\frac{Q}{t}$ Kilogramm		Ge- schwin- digkeit $c=\dfrac{Q}{1000\,ft}$ Meter 8.	Ge- schwindig- keitshöhe $\dfrac{c^2}{2g}$ Meter 9.	Wider- standsco- efficient $\zeta=\dfrac{H}{\frac{c^2}{2g}}-1{,}01$ 10.
					Einzeln 6.	Durch- schnitt 7.			
1	0,0256	0,089	180	330	1,835				
2	0,0256	0,089	180	331	1,839	1,837	0,935	0,0446	0,98
3	0,0256	0,089	315	579	1,838				
4	0,0256	0,389	120	466	3,883	3,879	1,975	0,199	0,95
5	0,0256	0,389	120	465	3,875				
6	0,0253	0,690	90	449	4,989	4,994	2,543	0,330	1,08
7	0,0253	0,690	90	450	5,000				
8	0,0247	0,190	255	684	2,682	2,671	1,360	0,0943	1,01
9	0,0247	0,190	150	399	2,660				
10	0,0196	0,087	300	503,5	1,678	1,678	0,854	0,0372	1,33
11	0,0165	0,190	120	276	2,300	2,287	1,164	0,0691	1,74
12	0,0165	0,190	120	273	2,275				
13	0,0165	0,939	105	534	5,086	5,076	2,584	0,341	1,75
14	0,0165	0,939	105	532	5,067				
15	0,0140	0,392	120	357	2,975	2,975	1,515	0,117	2,34
16	0,0140	0,392	120	357	2,975				
17	0,0126	0,690	120	434	3,617	3,633	1,850	0,174	2,96
18	0,0126	0,690	120	438	3,650				
19	0,0126	0,088	360	474	1,317	1,308	0,666	0,0226	2,88
20	0,0126	0,088	300	390	1,300				
21	0,0101	0,945	120	450	3,750	3,696	1,881	0,180	4,24
22	0,0101	0,945	120	437	3,642				
23	0,0078	0,091	300	285	0,950	0,948	0,483	0,0119	6,64
24	0,0078	0,091	300	284	0,947				
25	0,0056	0,192	120	126	1,050	1,037	0,528	0,0142	12,51
26	0,0056	0,192	120	123	1,025				
27	0,0056	0,694	120	238	1,983	1,975	1,006	0,0515	12,46
28	0,0056	0,694	120	236	1,967				
29	0,0047	0,091	360	221	0,614	0,613	0,312	0,00496	17,33
30	0,0047	0,091	360	220,5	0,613				
31	0,0031	0,948	120	169	1,408	1,404	0,715	0,0261	35,4
32	0,0031	0,948	120	168	1,400				
33	0,0009	0,1955	180	46,5	0,2582	0,2598	0,1323	0,000892	218,2
34	0,0009	0,1955	180	47,0	0,2614				

Bemerkung. Bei Versuch 13 und 14 konnte die Zeitbeobachtung infolge sehr raschen Füllens des Gefässes G (Tafel 1) nicht mit genügender Genauigkeit durchgeführt werden.

und die so erhaltenen Punkte durch einen kleinen Kreis umhüllt hervorgehoben (die Punkte mit zwei Kreisen beziehen sich auf das Ventil mit breiter Sitzfläche, Fig. 3, Tafel 5).

Untersucht man, ob diese Veränderlichkeit dem durch die Gleichung 10 (§ 2) ausgesprochenen Gesetze folgt, so findet sich, dass

α) für das Gebiet, innerhalb dessen die Hubhöhen zu schwanken pflegen, für welche ein praktisches Bedürfniss zur Ermittlung der Widerstandshöhe vorliegt, d. i. bei

$$h = \frac{d}{10} \text{ bis } \frac{d}{4}$$

diese Gleichung mit den Versuchsresultaten übereinstimmende Resultate liefert, während

β) für das ganze Versuchsgebiet, welches

$$h = \frac{d}{50} \text{ bis } \frac{d}{2}$$

umschliesst, eine Gleichung von der Form

$$\zeta = \alpha + \beta \left(\frac{d}{a+h}\right)^2 \quad . \quad . \quad . \quad . \quad . \quad 15$$

zu benutzen wäre.

Zu α. Für die Hubhöhen

$$h = \frac{d}{10} \text{ bis } \frac{d}{4}$$

setzen wir, im Interesse der praktischen Verwendung Werth auf abgerundete Coefficienten legend und in der Absicht, ζ eher ein wenig zu gross als zu klein zu erhalten, welche Erwägungen auch für alle späteren Coefficientenangaben massgebend sind,

$$\zeta = 0{,}55 + 0{,}15 \left(\frac{d}{h}\right)^2 \quad . \quad . \quad . \quad . \quad . \quad 16$$

Für	$h =$	12,6	10,1	7,8	5,6	4,7 mm

ergiebt der Versuch

durchschnittlich	$\zeta =$	2,92	4,24	6,64	12,49	17,33
die Gleichung 16	$\zeta =$	2,91	4,23	6,72	12,51	17,53
demnach die letztere mehr		$-0,01$	$-0,01$	$+0,08$	$+0,02$	$+0,20$
in Procenten		$-0,3$	$-0,2$	$+1,2$	$+0,2$	$+1,2$

Diese Abweichungen zwischen den Versuchsergebnissen und den Resultaten, welche die Gleichung 16 liefert, liegen vollständig innerhalb der Grenzen der Genauigkeit, welche mit derartigen technischen Rechnungen überhaupt erreicht werden kann.

Für über $\dfrac{d}{4}$ hinausgehende Hubhöhen ergiebt Gleichung 16 ζ grösser als der Versuch.

Zu β. Für die das ganze Versuchsgebiet umschliessenden Hubhöhen

$$h = \frac{d}{50} \text{ bis } \frac{d}{2}$$

setzen wir

$$\zeta = 0,30 + 0,18 \left(\frac{d}{0,0005 + h} \right)^2 \quad \ldots \quad 17$$

mit dem Meter als Längeneinheit.

Behufs Gewinnung eines Bildes über den Verlauf der durch Gleichung 17 bestimmten Curve und zur Beurtheilung der Annäherung, mit welcher sich die Versuchsergebnisse derselben anschliessen, ist auf Fig. 2, Tafel 3 diese Curve (ausgezogen) dargestellt. Die Uebereinstimmung ist eine ganz befriedigende.

Selbst für den so extremen kleinen Hub von 0,9 Millimeter, welchem nach Gleichung 17 $\zeta = 229,8$ entspricht, beträgt die Abweichung des Versuchsresultates nur etwa 5%. Während für den grössten Hub von 25,6 mm die Versuche durchschnittlich

$$\zeta = \frac{0,98 + 0,95}{2} = 0,965$$

ergeben, liefert die Rechnung nach Gleichung 17

$$\zeta = 0,96.$$

II. Tellerventil
mit verhältnissmässig breiter Dichtungsfläche.

Fig. 3, Tafel 5.

Querschnitt der Ventil-
sitzöffnung . . . . . . $f = \dfrac{\pi}{4} \cdot 0,050^2 = 0,001964\,\square\mathrm{m}$
Durchmesser des Ventil-
tellers . . . . $= 0,074\ \mathrm{m}$
Weite des Ventilgehäuses $= 0,100\ \mathrm{m}$
Ringförmiger Quer-
schnitt zwischen Ven-
tilteller und Gehäuse-
wandung . . . . $F = \dfrac{\pi}{4}(0,100^2 - 0,074^2) = 0,003553\,\square\mathrm{m}$
d. i. . . . . $F = 1,81\,f.$

1. Ventilbelastung.

Hinsichtlich der beobachteten Grössen ist auf die Columnen 2, 3, 4 und 9 der Tabelle 3 zu verweisen. Auch hier fassen wir diejenigen Werthe von P, welche bei angenähert gleicher Niveaudifferenz erhalten wurden, zusammen.

a) $H = 196$ bis 198 Millimeter.

$h =$	5,0	10,0	16,8	25,5 Millimeter
$P =$	493	608	677	719 Gramm
$H =$	198	198	196	196 Millimeter

$$c) \quad H = 689 \text{ bis } 692 \text{ Millimeter.}$$

$$h = \quad 5,5 \quad 12,8 \quad 25,5 \text{ Millimeter}$$
$$P = 1827 \quad 2282 \quad 2547 \text{ Gramm}$$
$$H = \quad 692 \quad 689 \quad 689 \text{ Millimeter}$$

$$d) \quad H = 946 \text{ bis } 960 \text{ Millimeter.}$$

$$h = \quad 1,0 \quad 10,2 \quad 16,5 \text{ Millimeter}$$
$$P = 1230 \quad 2962 \quad 3317 \text{ Gramm}$$
$$H = \quad 960 \quad 946 \quad 941 \text{ Millimeter}$$

Tabelle 3.

№	Ventil-hub h	Ver-suchs-dauer t	Was-ser-menge Q	Wassermenge pro Sekunde $\frac{Q}{t}$		Ge-schwin-digkeit $c = \frac{Q}{1000\,f t}$	Ge-schwin-digkeits-höhe $\frac{c^2}{2g}$	Ventilbelastung be-obachtet P_1	be-rechnet P	Differenz $P - P_1$	in Procenten $100\,\frac{P-P_1}{P_1}$
1.	Meter 2.	Se-kunden 3.	Kilo-gramm 4.	Einzeln 5.	Durch-schnitt 6.	Meter 7.	Meter 8.	Kilo-gramm 9.	Kilo-gramm 10.	Kilogramm 11.	Kilogramm 12.
1	0,0255	120	298	2,483 ⎱	2,487	1,266	0,0817	0,719	0,723	+ 0,004	+ 0,5
2	0,0255	120	299	2,492 ⎰							
3	0,0255	90	420	4,667 ⎱	4,644	2,365	0,285	2,547	2,528	— 0,019	— 0,8
4	0,0255	90	416	4,622 ⎰							
5	0,0168	120	260	2,167 ⎱	2,158	1,099	0,0615	0,677	0,705	+ 0,028	+ 4,0
6	0,0168	120	258	2,150 ⎰							
7	0,0165	90	420	4,667 ⎱	4,672	2,379	0,288	3,317	3,348	+ 0,031	+ 0,9
8	0,0165	90	421	4,678 ⎰							
9	0,0128	120	404	3,367 ⎱	3,375	1,718	0,150	2,282	2,184	— 0,098	— 4,5
10	0,0128	120	406	3,383 ⎰							
11	0,0102	150	525	3,500 ⎱	3,510	1,787	0,163	2,962	2,989	+ 0,027	+ 0,9
12	0,0102	150	528	3,520 ⎰							
13	0,0100	120	191	1,592 ⎱	1,592	0,811	0,0334	0,608	0,626	+ 0,018	+ 2,9
14	0,0100	120	191	1,592 ⎰							
15	0,0055	120	225	1,875 ⎱	1,879	0,957	0,0466	1,827	1,808	— 0,019	— 1,0
16	0,0055	120	226	1,883 ⎰							
17	0,0050	120	110	0,917 ⎱	0,925	0,471	0,0113	0,493	0,496	+ 0,003	+ 0,6
18	0,0050	120	112	0,933 ⎰							
19	0,0010	—	—	—	—	—	—	1,230	—	—	—

Bemerkung. Die Werthe der Columne 10 sind aus Gleichung 19 ermittelt. Bei Versuch 19 betrug die Niveaudifferenz 0,960 Meter.

Die graphische Darstellung ergiebt die auf Fig. 1, Tafel 3 punktirt gezeichneten Curven *aa*, *cc* und *dd*. Das Wachsthum von P mit zunehmender Erhebung des Ventiles ist hier in noch weit höherem Masse vorhanden als bei dem unter I besprochenen Ventil. Die Stabilität des Gleichgewichts macht sich auch bei den Versuchen als eine ganz entschiedene bemerkbar. Der Einfluss der Breite der Dichtungsfläche besitzt demnach einen scharf ausgeprägten Charakter.

In gleicher Weise, wie bei dem bereits unter I behandelten Ventil vorgehend, gelangen wir zu denselben daselbst unter α und β ausgesprochenen Folgerungen und setzen

α) für die Hubhöhen· von

$$\frac{d}{10} \text{ bis } \frac{d}{4}$$

$$\left. \begin{array}{c} P = 1000 f \dfrac{c^2}{2g} \left[\varkappa + \left(\dfrac{d}{4\,\mu\,h} \right)^2 \right] \\ \varkappa = 5{,}15 \qquad \mu = 0{,}605 \end{array} \right\} \quad . \quad . \quad . \quad 18$$

Für	$h =$	12,8	10,2	10,0	5,5	5,0 mm
und	$c =$	1,718	1,787	0,811	0,957	0,471 m
ergiebt der Versuch	$P_1 =$	2,282	2,962	0,608	1,827	0,493 kg
ergiebt die Gleichung 18	$P =$	2,285	2,962	0,618	1,763	0,493 „
also die Gleichung mehr	$P - P_1 =$	+0,003	+0,000	+0,010	−0,064	+0,000 „
in Procenten	$100 \dfrac{P - P_1}{P_1} =$	+0,1	+0,0	+1,6	−3,5	+0,0 „

β) Für die das g a n z e Versuchsgebiet umfassenden Hubhöhen

$$\frac{d}{10} \text{ bis } \frac{d}{2}$$

lassen sich die Versuchsergebnisse unter Zugrundelegung des Meter als Längeneinheit zusammenfassen durch die Gleichung

$$\left. \begin{array}{c} P = 1000 f \dfrac{c^2}{2g} \left[\varkappa + \left(\dfrac{d}{4\,\mu\,(0{,}0016 + h)} \right)^2 \right] \\ \varkappa = 3{,}4 \qquad \mu = 0{,}435 \end{array} \right\} \quad . \quad . \quad . \quad 19$$

Mit welcher Annäherung, darüber geben die Columnen 9 bis 12 der Tabelle 3 Auskunft.

2. Ventilwiderstand.

Die beobachteten Grössen, sowie die aus denselben abgeleiteten Werthe finden sich in Tabelle 4. Die Veränderlichkeit des in der Columne 10 stehenden Widerstandscoefficienten mit der Hubhöhe darzustellen, sind in Fig. 2, Tafel 3 die Hubhöhen als vertikale Abscissen, die zugehörigen Werthe von ζ als horizontale Ordinaten aufgetragen und die auf diese Weise erhaltenen Punkte durch zwei kleine Kreise umhüllt hervorge-

Tabelle 4.

№ 1.	Ventilhub h Meter 2.	Niveaudifferenz H Meter 3.	Versuchsdauer t Sekunden 4.	Wassermenge Q Kilogramm 5.	Wassermenge pro Sekunde $\frac{Q}{t}$ Kilogramm Einzeln 6.	Durchschnitt 7.	Geschwindigkeit $c=\frac{Q}{1000\,ft}$ Meter 8.	Geschwindigkeitshöhe $\frac{c^2}{2g}$ Meter 9.	Widerstandscoefficient $\zeta=\frac{H}{\frac{c^2}{2g}}-1{,}01$ 10.
1	0,0255	0,196	120	298	2,483	2,487	1,266	0,0817	1,39
2	0,0255	0,196	120	299	2,492				
3	0,0255	0,689	90	420	4,667	4,644	2,365	0,285	1,41
4	0,0255	0,689	90	416	4,622				
5	0,0168	0,196	120	260	2,167	2,158	1,099	0,0615	2,17
6	0,0168	0,196	120	258	2,150				
7	0,0165	0,941	90	420	4,667	4,672	2,379	0,288	2,25
8	0,0165	0,941	90	421	4,678				
9	0,0128	0,689	120	404	3,367	3,375	1,718	0,150	3,58
10	0,0128	0,689	120	406	3,383				
11	0,0102	0,946	150	525	3,500	3,510	1,787	0,163	4,79
12	0,0102	0,946	150	528	3,520				
13	0,0100	0,198	120	191	1,592	1,592	0,811	0,0334	4,91
14	0,0100	0,198	120	191	1,592				
15	0,0055	0,692	120	225	1,875	1,879	0,957	0,0466	13,83
16	0,0055	0,692	120	226	1,883				
17	0,0050	0,198	120	110	0,917	0,925	0,471	0,0113	16,50
18	0,0050	0,198	120	112	0,933				

hoben. Wie ersichtlich, hat die Verbreiterung der Dichtungsfläche eine nicht unbedeutende Vermehrung von ζ zur Folge.

In ganz analoger Weise, wie schon früher, gelangen wir

α) für die Hubhöhen

$$\frac{d}{10} \text{ bis } \frac{d}{4}$$

zu

$$\zeta = 1{,}1 + 0{,}155 \left(\frac{d}{h}\right)^2 \quad . \quad . \quad . \quad . \quad . \quad 20$$

Für	$h =$	12,8	10,2	10,0	5,5	5,0
ergiebt der Versuch	$\zeta =$	3,58	4,79	4,91	13,83	16,50
die Gleichung 20,	$\zeta =$	3,46	4,82	4,97	13,91	16,60
also die letztere mehr		−0,12	+0,03	+0,06	+0,08	+0,10
in Procenten		−3,1	+0,6	+1,2	+0,6	+0,6

Diese Abweichungen bleiben innerhalb des Gebietes des
bei technischen Rechnungen überhaupt erreichbaren Genauigkeitsgrades mit Ausnahme der Differenz bei 12,8 mm Hub.
Hier aber ist, wie bei Vergleich der Lagen der in Fig. 2,
Tafel 3 mit zwei Kreisen umhüllten Punkte zu der punktirt
ausgezogenen Curve, auf die wir weiter unten zu sprechen
kommen, sofort in die Augen springt, durch die Versuche ein
etwas zu grosser Werth von ζ ermittelt worden.

β) Für die das ganze Versuchsgebiet umschliessenden
Hubhöhen

$$\frac{d}{50} \text{ bis } \frac{d}{2}$$

$$\zeta = 0{,}7 + 0{,}19 \left(\frac{d}{0{,}0005 + h}\right)^2 \quad . \quad . \quad . \quad 21$$

mit dem Meter als Längeneinheit.

Die durch diese Gleichung bestimmte Curve ist in Fig. 2,
Tafel 3 punktirt gezeichnet. Sie bringt — wie eine Betrach-
tung der zugehörigen mit Doppelkreis ausgezeichneten Ver-
suchspunkte — ergiebt, mit ziemlicher Annäherung das Ge-
setz zum Ausdruck, nach dem sich ζ mit h ändert.

Der Vergleich der Gleichungen 16 und 20, 17 und 21, sowie der beiden Curven (Fig. 2, Tafel 3) zeigt, dass die Aenderung der Sitzbreite unter sonst gleichen Verhältnissen bei grösseren Hubhöhen einen verhältnissmässig bedeutenderen Einfluss hat, als bei kleinen.

§ 4. Tellerventil mit oberer Führung und concaver Unterfläche.

Fig. 4, Tafel 5.

Querschnittsverhältnisse wie beim Tellerventil Fig. 2, Tafel 5.

1. Ventilbelastung.

Die Versuchsergebnisse finden sich in den Columnen 2, 3, 4 und 9 der Tabelle 5.

Die Zusammenfassung derselben in zwei Gruppen, wie früher, nämlich

b) $H = 394$ bis 395 mm.　　　　d) $H = 943$ bis 947 mm.

$h = 5{,}511{,}7$ Millimeter　　$h = 6{,}211{,}7$ Millimeter

$P = 9441005$ Gramm　　　$P = 22722397$ Gramm

$H = 395394$ Millimeter　　$H = 947943$ Millimeter

ergiebt die in Fig. 1, Tafel 3 durch Strich und Punkt ($- \cdot - \cdot -$) dargestellte beiden Linien bb und dd. Hierbei zeigt sich, dass das vorliegende Ventil hinsichtlich der Ventilbelastung bei gleicher Niveaudifferenz nur wenig grössere Werthe liefert, als das entsprechende Tellerventil mit ebener Unterfläche.

Für die Hubhöhen, auf welche sich die Versuche erstrecken, und die innerhalb des Gebietes

$$\frac{d}{10} \text{ bis } \frac{d}{4}$$

liegen, setzen wir

$$\left. \begin{array}{c} P = 1000\,f\,\dfrac{c^2}{2\,g}\left[\varkappa + \left(\dfrac{d}{4\,\mu\,h}\right)^2\right] \\[2mm] \varkappa = 2{,}34 \qquad \mu = 0{,}63 \end{array} \right\} \quad \ldots \quad 22$$

Die Uebereinstimmung zwischen den Versuchswerthen (Col. 9) und den aus Gleichung 22 erlangten und in Col. 10 eingetragenen Resultaten ist eine befriedigende.

Tabelle 5.

№ 1.	Ventilhub h Meter 2.	Versuchsdauer t Sekunden 3	Wassermenge Q Kilogramm 4.	Wassermenge pro Sekunde $\frac{Q}{t}$ Kilogramm Einzeln 5.	Durchschnitt 6.	Geschwindigkeit $c = \frac{Q}{1000\,ft}$ Meter 7.	Geschwindigkeitshöhe $\frac{c^2}{2\,g}$ Meter 8.	Ventilbelastung beobachtet P_1 Kilogramm 9.	berechnet P Kilogramm 10.	Differenz $P - P_1$ Kilogramm 11.	in Procenten $100\frac{P-P_1}{P_1}$ Kilogramm 12.
1	0,0117	120	328	2,773							
2	0,0117	120	326	2,717	2,725	1,387	0,0981	1,005	1,005	+ 0,000	+ 0,0
3	0,0117	120	504	4,200							
4	0,0117	120	503	4,192	4,196	2,136	0,232	2,397	2,377	— 0,020	— 0,8
5	0,0062	120	322	2,683							
6	0,0062	120	320	2,667	2,675	1,362	0,0945	2,272	2,335	+ 0,063	+ 2,8
7	0,0055	120	186	1,550							
8	0,0055	120	184	1,553	1,542	0,785	0,0314	0,944	0,943	— 0,001	— 0,1

Bemerkung. Die Werthe der Columne 10 sind aus der Gleichung 22 gewonnen.

Ein Vergleich zwischen Gleichung 13, die für das entsprechende Tellerventil mit ebener Unterfläche (Fig. 2 Taf. 5) galt, und Gleichung 22, führt zu dem Schlusse, dass unter sonst gleichen Verhältnissen das Ventil Fig. 2 eine etwas grössere Ventilbelastung fordert als das Ventil Fig. 4, während man das Umgekehrte erwarten konnte. Scheinbar liegt hier ein Widerspruch vor mit der Lage der durch Strich und Punkt dargestellten Curvenstücke *bb* und *dd* zu den ausgezogenen Linien *bb* bezw. *dd*. Derselbe klärt sich auf, wenn berücksichtigt wird (vergl. Punkt 2 dieses Paragraphen), dass der Widerstandscoefficient für das Ventil mit hohler Unterfläche bei den in Frage kommenden Hubhöhen kleiner, also c bei constanter Niveaudifferenz grösser ausfällt.

Es zeigt sich hierdurch deutlich, dass von einem Eintritt des Wassers in den Hohlraum nicht die Rede sein kann.

2. Ventilwiderstand.

Die Versuchsresultate enthält die Tabelle 6. Sie lassen sich zusammenfassen in die Gleichung

$$\zeta = 0{,}65 + 0{,}132 \left(\frac{d}{h}\right)^2 \quad \ldots \ldots \quad 23$$

Tabelle 6.

№	Ventil-hub h Meter	Niveau-differenz H Meter	Ver-suchs-dauer t Se-kunden	Wasser-menge Q Kilogramm	Wassermenge pro Sekunde $\frac{Q}{t}$ Kilogramm Einzeln	Durch-schnitt	Ge-schwin-digkeit $c=\frac{Q}{1000\,ft}$ Meter	Ge-schwindig-keitshöhe $\frac{c^2}{2g}$ Meter	Wider-standsco-efficient $\zeta = \frac{H}{\frac{c^2}{2g}} - 1{,}01$
1.	2.	3.	4.	5.	6.	7.	8.	9.	10.
1	0,0117	0,0885	180	233	1,294	1,289	0,656	0,0219	3,03
2	0,0117	0,0885	180	231	1,283				
3	0,0117	0,394	120	328	2,733	2,725	1,387	0,0981	3,01
4	0,0117	0,394	120	326	2,717				
5	0,0117	0,943	120	504	4,200	4,196	2,136	0,232	3,05
6	0,0117	0,943	120	503	4,192				
7	0,0079	0,0895	180	176	0,978	0,975	0,496	0,0125	6,15
8	0,0079	0,0895	180	175	0,972				
9	0,0062	0,947	120	322	2,683	2,675	1,362	0,0945	9,01
10	0,0062	0,947	120	320	2,667				
11	0,0055	0,395	120	186	1,550	1,542	0,785	0,0314	11,57
12	0,0055	0,395	120	184	1,533				
13	0,0045	0,091	180	112	0,622	0,622	0,317	0,00512	16,76
14	0,0045	0,091	180	112	0,622				

Für $\qquad\qquad h =$ 11,7   7,9   6,2   5,5   4,5
ergiebt der Versuch $\qquad \zeta =$ 3,03   6,15   9,01 11,57 16,76
Gleichung 23 $\qquad\qquad \zeta =$ 3,06   5,94   9,23 11,56 16,95
also die Gleichung mehr $\qquad$ +0,03 −0,21 +0,22 −0,01 +0,19
in Procenten $\qquad\qquad$ +1,0   −3,6   +2,5   −0,1   +1,1

Der Vergleich der Gleichung 23 mit Gleichung 16 lässt erkennen, dass durch die Aushöhlung der Unterfläche die Additionalconstante zu-, der Coefficient des zweiten Gliedes dagegen abnimmt und zwar derart, dass der Widerstandscoefficient bei den oben angegebenen Hubhöhen für das vorliegende ausgehöhlte Ventil kleiner ausfällt, als für dasjenige mit ebener Unterfläche.

§ 5. Tellerventil mit oberer Führung und erhabener Unterfläche

Fig. 5, Tafel 5.

Querschnittsverhältnisse, wie beim Tellerventil § 3 I.

1. Ventilbelastung.

Tabelle 7 enthält die Versuchsergebnisse, deren Zusammenfassung die folgenden zwei Gruppen ergiebt.

b) $H =$ 391 bis 397 mm.$\qquad$ d) $H =$ 940 bis 947 mm.

$h =$ 6,3	25,8 Millimeter		$h =$ 5,5	16,4 Millimeter
$P =$ 934	1033 Gramm		$P =$ 2201	2371 Gramm
$H =$ 397	391 Millimeter		$H =$ 947	940 Millimeter

Die Eintragung in Fig. 1, Tafel 3 liefert die durch volle Kreise hervorgehobenen Punkte. Wie ersichtlich, legen sich dieselben ziemlich dicht an die entsprechenden ausgezogenen Curven bb und dd, welche für das Tellerventil mit ebener Unterfläche (Fig. 2, Tafel 5) gelten.

Tabelle 7.

№ 1.	Ventil-hub h Meter 2.	Ver-suchs-dauer t Se-kunden 3.	Wasser-menge Q Kilogramm 4.	Wassermenge pro Sekunde $\frac{Q}{t}$ Kilogramm Einzeln 5.	Durch-schnitt 6.	Ge-schwin-digkeit $c = \frac{Q}{1000\,ft}$ Meter 7.	Ge-schwin-digkeits-höhe $\frac{c^2}{2g}$ Meter 8.	Ventil-belastung be-obachtet P_1 Kilogramm 9.
1	0,0258	120	459	3,825	3,825	1,947	0,193	1,033
2	0,0258	120	459	3,825				
3	0,0164	105	525	5,000	4,995	2,543	0,329	2,371
4	0,0164	105	524	4,990				
5	0,0063	120	202	1,683	1,675	0,853	0,0371	0,934
6	0,0063	120	200	1,667				
7	0,0059	120	280	2,333	2,304	1,173	0,0701	2,201
8	0,0059	120	273	2,275				

Die Aufstellung einer Gleichung kann deshalb unterbleiben, ebenso wie es unterlassen wurde, die Versuche soweit auszudehnen, dass eine sichere Bestimmung von $\varkappa$ und μ möglich gewesen wäre.

2. Ventilwiderstand.

Tabelle 8 giebt die Versuchsresultate, deren Eintragung

Tabelle 8.

№ 1.	Ventil-hub h Meter 2.	Niveau-differenz H Meter 3.	Ver-suchs-dauer t Se-kunden 4.	Wasser-menge Q Kilogramm 5.	Wassermenge pro Sekunde $\frac{Q}{t}$ Kilogramm Einzeln 6.	Durch-schnitt 7.	Ge-schwin-digkeit $c = \frac{Q}{1000\,ft}$ Meter 8.	Ge-schwindig-keitshöhe $\frac{c^2}{2g}$ Meter 9.	Wider-standsco-efficient $\zeta = \frac{H}{\frac{c^2}{2g}} - 1{,}01$ 10.
1	0,0258	0,391	120	459	3,825	3,825	1,947	0,193	1,01
2	0,0258	0,391	120	459	3,825				
3	0,0164	0,940	105	525	5,000	4,995	2,543	0,329	1,84
4	0,0164	0,940	105	524	4,990				
5	0,0063	0,397	120	202	1,683	1,675	0,853	0,0371	9,69
6	0,0063	0,397	120	200	1,667				
7	0,0059	0,947	120	280	2,333	2,304	1,173	0,0701	12,50
8	0,0059	0,947	120	273	2,275				

in Fig. 2 Tafel 3 durch schwarze Punkte zu dem Schlusse führt, dass auch der Widerstandscoefficient nicht wesentlich verschieden ist von demjenigen für das Ventil mit ebener Unterfläche. Wie oben, unterbleibt auch hier die Aufstellung einer Gleichung.

§ 6. Kegelventil mit oberer Führung und ebener Begrenzung der Unterfläche.

Fig. 6, Tafel 5.
Querschnittsverhältnisse wie beim Tellerventil § 3 I.

1. Ventilbelastung.

Hinsichtlich der beobachteten Grössen darf auf Tabelle 9 verwiesen werden.

Wie früher, so fassen wir auch hier diejenigen Werthe von P, welche bei angenähert derselben Niveaudifferenz erhalten wurden, zusammen.

$$H = 450 \text{ bis } 454 \text{ mm.}$$

$h =$ 1,9	5,2	6,9	7,5 Millimeter
$P =$ 830	630	537	480 Gramm
$H =$ 454	451	452	450 Millimeter

Bemerkung. Bei weniger als 480 Gramm Belastung giebt es keinen Punkt, an dem Gleichgewicht herrscht. Das Ventil fährt schon bei 479 Gramm auf und nieder.

$$H = 941 \text{ bis } 950 \text{ mm.}$$

$h =$ 1,6	5,3	6,2	7,6 Millimeter
$P =$ 1730	1330	1230	1080 „
$H =$ 950	946	—	941 „

Bemerkung. Oberhalb 7,6 mm ist das Ventil in keine Gleichgewichtslage zu bringen. Es fährt stossartig auf und nieder.

Die graphische Darstellung liefert die beiden ausgezogenen Curven Fig. 1 Tafel 4. Wie ersichtlich, brechen dieselben bei $h = 7{,}5$ bezw. 7,6 mm plötzlich ab. Für Hubhöhen darüber hinaus ist ein stabiler Gleichgewichtszustand nicht mehr vorhanden. Dieses plötzliche Abbrechen dürfte die Folge davon sein, dass der Flüssigkeitsstrom, welcher vorher (bei kleiner Hubhöhe, Fig. 11 Tafel 5) in ganz bestimmter Richtung seitlich abgeführt wird, bei der Hubhöhe von 7,5 bis 7,6 mm, Fig. 12 Tafel 5 diese bestimmte Führung plötzlich verliert, da deren Wirksamkeit bei constanter Breite der Dichtungsfläche und wegen horizontaler Begrenzung der Unterfläche mit wachsender Stärke des Flüssigkeitsstromes abnehmen muss. Schon bei $b = 5$ mm beginnt die Ventilunterfläche AB über die Ebene CD der Sitzfläche emporzusteigen. Je weiter nun AB sich über CD erhebt, um so mehr wächst für die in der Richtung AB zuströmenden Flüssigkeitstheilchen die Möglichkeit, den ausströmenden Wasserkegel von der Richtung BE abzudrängen. Bei $h = 7{,}5$ bis 7,6 mm scheint dies einzutreten, der Beharrungszustand ist gestört, das Ventil steigt plötzlich, Geschwindigkeit wächst und damit der Wasserstoss, infolge dessen hebt sich das Ventil noch weiter, um dann wieder zu fallen u. s. w. Nach dieser Auffassung wäre die horizontale Begrenzung der Unterfläche von wesentlichem Einflusse. Dass dies aber thatsächlich der Fall, ergiebt sich aus Folgendem.

Tritt an die Stelle der ebenen Unterfläche eine kugelförmige (Fig. 8, Tafel 5), so verschwindet die Stetigkeitsunterbrechung (Fig. 1, Tafel 4, die durch Strich und Punkt dargestellte Curve), indem sich oben ein ziemlich plötzlich steil ansteigende Curvenast anschliesst, einem ziemlich indifferenten Gleichgewichtszustand entsprechend (vgl. auch § 8).

Für Hubhöhen unter 7,5 mm ergiebt sich das Resultat, dass bei nahezu gleichbleibender Druckhöhe, welche zum Ausströmen der Flüssigkeit durch das Ventil disponibel ist, die vom Wasserstrome auf das letztere ausgeübte und auf Offenhaltung hinwirkende Kraft mit zunehmender Erhebung abnimmt. Bei den im Früheren betrachteten Tellerventilen findet das Gegentheil statt. Die Erklärung für dieses entgegengesetzte Verhalten ergiebt sich leicht, wenn auf die § 2 enthaltene Entwicklung zurückgegangen wird.

Tabelle 9.

№ 1.	Ventil- hub h Meter 2.	Ver- suchs- dauer t Se- kunden 3.	Wasser- menge Q Kilogramm 4.	Wassermenge pro Sekunde $\frac{Q}{t}$ Kilogramm Einzeln 5.	Durch- schnitt 6.	Ge- schwin- digkeit $c = \frac{Q}{1000\,f\,t}$ Meter 7.	Ge- schwin- digkeits- höhe $\frac{c^2}{2g}$ Meter 8.	Ventil- belastung be- obachtet P_1 Kilogramm 9.
1	0,0076	60	249	4,150	4,141	2,108	0,226	1,080
2	0,0076	60	248	4,133				
3	0,0075	60	167	2,783	2,767	1,408	0,101	0,480
4	0,0075	120	330	2,750				
5	0,0069	120	307	2,558	2,550	1,298	0,0859	0,537
6	0,0069	120	305	2,543				
7	0,0062	—	—	—	—	—	—	1,230
8	0,0053	60	177	2,950	2,941	1,498	0,114	1,330
9	0,0053	60	176	2,933				
10	0,0052	60	119	1,983	1,966	1,001	0,0511	0,630
11	0,0052	60	117	1,950				
12	0,0032	300	220	0,733	0,733	0,373	0,00709	0,330
13	0,0031	150	106	0,706	0,706	0,359	0,00157	0,330
14	0,0019	200	117	0,585	0,585	0,298	0,0452	0,830
15	0,0016	180	149	0,828	0,819	0,417	0,00886	1,730
16	0,0016	180	146	0,811				

Bemerkungen. Bei den Niveau-Differenzen $H = 941$ bis 950 mm ist das Ventil oberhalb $h = 7{,}6$ mm in keine Gleichgewichtslage zu bringen. Es fährt stossartig auf und nieder.

Bei den Niveau-Differenzen $H = 450$ bis 450 mm giebt es bei weniger als $0{,}480$ Kilogramm Belastung keinen Punkt, an dem Gleichgewicht herrscht. Das Ventil fährt schon bei 479 Gramm auf und nieder.

P setzt sich aus zwei Theilen zusammen, von denen der eine $P_1 = \varkappa_1 \dfrac{c^2}{2g} f \gamma$ durch die Ablenkung des Flüssigkeitsstromes an der unteren Ventilfläche entsteht, während der andere $P_2 = (p_u - p_o)\,f$ davon herrührt, dass die Pressung p_u der Flüssigkeit unterhalb des Ventils sich von der oberhalb desselben herrschenden p_o unterscheidet. P_1 ist um so kleiner, je geringer die Ablenkung, welche der Flüssigkeitsstrom erfährt. Bei dem Kegelventil fällt nun diese Ablenkung weit geringer aus, als bei dem Tellerventil mit normaler Sitzfläche, folglich ist hier P_1 relativ klein, P_2 nimmt nun sehr rasch mit der Ventilerhebung ab, so dass selbst mit wachsender Geschwindigkeit c die Summe $P_1 + P_2$ ziemlich schnell sinkt.

Wenn hiernach bei einer bestimmten, verfügbaren Druckhöhe ein solches Kegelventil durch dieselbe sich öffnet, so wird die Kraft, welche auf Offenhaltung desselben hinwirkt, mit zunehmender Hubhöhe rasch sinken und diese selbst auf ein geringeres Mass beschränkt bleiben, eine Erscheinung, wie sie bei den Sicherheitsventilen mit ihren schmalen Sitzflächen beobachtet werden kann.

Die Aufstellung einer Gleichung für P ist bei dieser Sachlage nur bei Hubhöhen bis 7,6 mm, d. i. 0,152 d, möglich.

Obgleich hier in Erwägung, dass dem Wasser zum seitlichen Ausfluss geometrisch nicht ein Cylindermantel $h\,u$, sondern ein kegelförmiger Querschnitt

$$\pi\left(d - 2\cdot\frac{1}{2}\,h\cos^2 45^0\right)h\cdot\cos 45^0 = \pi\left(d - \frac{h}{2}\right)h\sqrt{0,5}$$

zur Verfügung steht, zu setzen wäre

$$P = 1000\,f\,\frac{c^2}{2\,g}\left[\varkappa + \left(\frac{d^2}{4\sqrt{0,5}\,\mu\left(d - \frac{h}{2}\right)h}\right)^2\right]$$

so behalten wir doch mit Rücksicht darauf, dass diese Gleichung keine weitergehende Genauigkeit ermöglicht, im Interesse der Einfachheit die Form Gleichung 11 bei und nehmen für Hubhöhen von 0,1 d bis 0,15 d

$$P = 1000\, f\, \frac{c^2}{2\,g} \left[\varkappa + \left(\frac{d}{4\,\mu\,h} \right)^2 \right] \Bigg\} \quad \ldots \ldots 24$$

$$\varkappa = -\,1{,}05 \qquad \mu = 0{,}89$$

Für	$h =$	7,6	7,5	6,9	5,3	5,2 mm
und	$c =$	2,108	1,408	1,298	1,498	1,001 m
ergiebt der Versuch	$P_1 =$	1,080	0,480	0,537	1,330	0,630 kg
die Gleichung 24	$P =$	1,052	0,486	0,521	1,337	0,627 „
also diese mehr	$P-P_1 =$	−0,028	+0,006	−0,016	+0,007	−0,003 „
in Procenten	$100\,\frac{P-P_1}{P_1} =$	−2,6	+1,3	−3,0	+0,5	−0,5 „

2. Ventilwiderstand.

Die Versuchsresultate sind in Tabelle 10 enthalten.

Die Zusammenfassung der durch Beobachtung ermittelten Werthe von ζ in eine den praktischen Zwecken gerecht werdende Gleichung lässt sich nicht mit befriedigender Genauigkeit durchführen. Für Gleichung 9 wäre zu setzen, da hier dem seitlich abfliessenden Wasser zum Durchströmen eine kegelförmige Fläche von dem mittleren Umfange

$$\mu = \pi \left(d - 2 \cdot \frac{1}{2}\, h \cos^2 45^0 \right) = \pi \left(d - \frac{h}{2} \right)$$

und der Höhe

$$h \cos 45^0 = h \sqrt{\frac{1}{2}}$$

geboten ist

$$\zeta = \zeta_1 + \frac{\zeta_2}{\alpha_1{}^2} \left[\frac{\frac{\pi}{4}\, d^2}{h \sqrt{\frac{1}{2}} \cdot \pi \left(d - \frac{h}{2} \right)} \right]^2$$

$$= \alpha + \beta \left(\frac{d^2}{\left(d - \frac{h}{2} \right) h} \right)^2 \quad \ldots \ldots 25$$

Versucht man es, die Coefficienten α und β so zu be-
3*

Tabelle 10.

№	Ventilhub h	Niveaudifferenz H	Versuchsdauer t	Wassermenge Q	Wassermenge pro Sekunde $\frac{Q}{t}$ Kilogramm		Geschwindigkeit $c=\frac{Q}{1000\,f't}$	Geschwindigkeitshöhe $\frac{c^2}{2g}$	Widerstandscoefficient $\zeta=\dfrac{H}{\frac{c^2}{2g}}-1{,}01$
	Meter	Meter	Sekunden	Kilogramm	Einzeln	Durchschnitt	Meter	Meter	
1.	2.	3.	4.	5.	6.	7.	8.	9.	10.
1	0,0296	0,446	60	308	5,133	5,100	2,597	0,343	0,29
2	0,0296	0,446	60	304	5,067				
3	0,0292	0,190	60	192	3,200	3,216	1,638	0,137	0,38
4	0,0292	0,190	60	194	3,233				
5	0,0200	0,191	60	169	2,817	2,825	1,438	0,105	0,81
6	0,0200	0,191	60	170	2,833				
7	0,0131	0,448	60	219	3,650	3,658	1,862	0,176	1,53
8	0,0131	0,448	60	220	3,667				
9	0,0100	0,192	120	256	2,133	2,111	1,075	0,0588	2,25
10	0,0100	0,192	120	254	2,117				
11	0,0100	0,192	60	125	2,083				
12	0,0076	0,941	60	249	4,150	4,141	2,108	0,226	3,15
13	0,0076	0,941	60	248	4,133				
14	0,0075	0,452	60	167	2,783	2,767	1,408	0,101	3,46
15	0,0075	0,452	120	330	2,750				
16	0,0069	0,450	120	307	2,558	2,550	1,298	0,0859	4,23
17	0,0069	0,450	120	305	2,543				
18	0,0053	0,946	60	177	2,950	2,941	1,498	0,114	7,28
19	0,0053	0,946	60	176	2,933				
20	0,0052	0,451	60	119	1,983	1,966	1,001	0,0511	7,81
21	0,0052	0,451	60	117	1,950				
22	0,0047	0,195	120	124	1,033	1,046	0,532	0,0144	12,53
23	0,0047	0,195	120	127	1,058				
24	0,0032	0,196	300	220	0,733	0,733	0,373	0,00709	26,63
25	0,0031	0,196	150	106	0,706	0,706	0,359	0,00157	28,82
26	0,0019	0,454	200	117	0,585	0,585	0,298	0,00452	99,43
27	0,0016	0,950	180	149	0,828	0,819	0,417	0,00886	106,2
28	0,0016	0,950	180	146	0,811				

stimmen, dass die Gleichung 25 Werthe liefert, welche sich den Versuchsresultaten gut anschliessen, wenigstens innerhalb des Gebietes $\frac{d}{10}$ bis $\frac{d}{4}$, so erweist sich dies als vergeblich. Um uns ein Bild über die Veränderlichkeit von ζ mit h zu machen, tragen wir in Fig. 2, Tafel 4 die Punkte mit Doppelkreisen umhüllt ein, welche den Versuchsergebnissen entsprechen. Es zeigt sich in der Nähe der Hubhöhe, bei welcher die Curve der P (vergl. Punkt 1 dieses Paragraphen) aufhört, eine gewisse Unregelmässigkeit, sowie die Eigenthümlichkeit, dass die event. anzunehmende Curve daselbst eine verhältnissmässig starke, dagegen nach den Seiten hin eine sehr rasch abnehmende Krümmung besitzt.

Zur Befriedigung des Bedürfnisses der Praxis setzen wir für Hubhöhen von $\dfrac{d}{10}$ bis $\dfrac{d}{4}$

$$\zeta = 2{,}6 - 0{,}8 \left(\frac{d}{h}\right) + 0{,}14 \left(\frac{d}{h}\right)^2 \quad . \quad . \quad . \quad 26$$

Für	$h =$ 13,1	10,0	7,6	7,5	6,9	5,3	5,2
ergiebt der Versuch	$\zeta =$ 1,53	2,25	3,15	3,46	4,23	7,28	7,81
die Gleichung 26	$\zeta =$ 1,58	2,10	3,40	3,49	4,15	7,51	7,84
also letztere mehr	+0,05	−0,15	+0,25	+0,03	−0,08	+0,23	+0,03
in Procenten	+3,2	−6,7	+7,9	+0,9	−1,9	+3,2	+0,4

Der Widerstandscoefficient fällt hier weit geringer aus als für das Tellerventil § 3 I.

§ 7. Kegelventil mit oberer Führung und kegelförmiger Unterfläche.

Fig. 7, Tafel 5.
Querschnittsverhältnisse wie beim Tellerventil § 3 I.

1. Ventilbelastung.

Die Versuchsangaben finden sich in Tabelle 11.

Die Werthe von P für die Niveaudifferenzen 436 bis 453 mm (No. 1 bis 6, 9 bis 12) liefern die in Fig. 1 Tafel 4 punktirt gezeichneten Curve. Dieselbe unterscheidet sich von

Tabelle 11.

№ 1.	Ventil-hub h Meter 2.	Ver-suchs-dauer t Se-kunden 3.	Wasser-menge Q Kilogramm 4.	Wassermenge pro Sekunde $\frac{Q}{t}$ Kilogramm Einzeln 5.	Durch-schnitt 6.	Ge-schwin-digkeit $c=\dfrac{Q}{1000\,ft}$ Meter 7.	Ge-schwin-digkeits-höhe $\dfrac{c^2}{2g}$ Meter 8.	Ventil-belastung be-obachtet P_1 Kilogramm 9.
1	0,043	55	291	5,291				
2	0,043	55	294	5,345	5,318	2,707	0,373	0,471
3	0,030	60	295	4,917				
4	0,030	60	299	4,983	4,950	2,520	0,324	0,509
5	0,0177	60	233	3,883				
6	0,0177	60	228	3,800	3,841	1,956	0,195	0,526
7	0,0128	60	258	4,300				
8	0,0128	60	258	4,300	4,300	2,189	0,244	1,166
9	0,0097	60	145	2,417				
10	0,0097	60	144	2,400	2,408	1,226	0,0766	0,596
11	0,003	180	178	0,989				
12	0,003	180	180	1,000	0,994	0,506	0,0130	0,666
13	0,0012	300	57	0,190	0,190	0,096	0,00047	0,366

den Curven, welche sich für das Kegelventil § 6 ergaben, dadurch, dass sich hier in jeder Hubhöhe bis zu 43 mm Gleichgewicht herstellen lässt. Dagegen hat sie das mit jenen ge-
mein, dass die vom Flüssigkeitsstrome auf das Ventil ausgeübte und auf dessen Offenhaltung hinwirkende Kraft mit zunehmender Erhebung abnimmt und zwar erst rascher, zuletzt
ziemlich langsam.

Wie in § 6, so behalten wir auch hier die Gleichung 11
bei und setzen für Hubhöhen von $\dfrac{d}{8}$ bis $\dfrac{d}{4}$

$$\left. \begin{aligned} P = 1000\,f\,\frac{c^2}{2g}\left[\varkappa + \left(\frac{d}{4\,\mu\,h}\right)^2\right] \\ \varkappa = 0{,}38 \qquad \mu = 0{,}68 \end{aligned} \right\} \quad \ldots \quad 27$$

Für	$h =$ 12,8	9,7	Millimeter
liefert der Versuch $P_1 =$	1,166	0,596	Kilogramm
aus Gleichung 26 $P =$	1,170	0,597	„
also mehr	+0,004	+0,001	„
in Procenten	+0,3	+0,2	„

Mit welcher Genauigkeit Gleichung 26 P für $\dfrac{d}{8}$ ergiebt, lässt sich allerdings nicht controliren; die aus Gleichung 26 hierfür bestimmten Werthe dürften eher zu gross, als zu klein sein.

2. Ventilwiderstand.

Die Ergebnisse der Versuche können aus Tabelle 12 entnommen werden. Auch finden sich in Fig. 2, Tafel 4 die Punkte, welche den ermittelten Widerstandscoefficienten entsprechen, durch einen einfachen Kreis umhüllt eingetragen. Wie ersichtlich sind die Widerstandscoefficienten für das vorliegende Ventil weit grösser, als für das Kegelventil mit ebener Unterfläche (§ 6). Die Anordnung des unteren Kegels zur Wasserführung erhöht also den Widerstand ganz bedeutend (über Wirkung auf P vergl. Punkt 1 dieses Paragraphen). Aehnlicher Einfluss, wenn auch quantitativ weit geringer, war festzustellen bei dem Tellerventil ζ mit erhabener Unterfläche § 5, das Gegentheil bei dem Ventil mit hohler Unterfläche § 4.

Um einen Vergleich mit dem Widerstande des Tellerventils § 3 I zu erhalten, tragen wir die Widerstandscoefficienten der Tabelle 12 auch noch in Fig. 2, Tafel 3 ein und heben die so erhaltenen Punkte durch ein schrägstehendes Quadrat hervor. Hierbei zeigt sich, dass bei Hubhöhen von ca. $\dfrac{d}{4}$ die Widerstandscoefficienten für beide Ventile gleichen Werth besitzen. Bei grösseren Hubhöhen fällt derjenige des Kegelventils geringer aus, bei kleineren Hubhöhen wird er

Tabelle 12.

№	Ventilhub h	Niveau-differenz H	Versuchs-dauer t	Wasser-menge Q	Wassermenge pro Sekunde $\frac{Q}{t}$ Kilogramm		Geschwindigkeit $c = \frac{Q}{1000\,ft}$	Geschwindigkeitshöhe $\frac{c^2}{2g}$	Widerstandsco-efficient $\zeta = \dfrac{H}{\frac{c^2}{2g}} - 1{,}01$
					Einzeln	Durch-schnitt			
	Meter	Meter	Se-kunden	Kilogramm			Meter	Meter	
1.	2.	3.	4.	5.	6.	7.	8.	9.	10.
1	0,0430	0,190	60	210	3,500	3,525	1,795	0,164	0,15
2	0,0430	0,190	60	213	3,550				
3	0,0430	0,436	55	291	5,291	5,318	2,707	0,373	0,16
4	0,0430	0,436	55	294	5,345				
5	0,0300	0,191	60	198	3,300	3,266	1,663	0,141	0,34
6	0,0300	0,191	60	194	3,233				
7	0,0300	0,449	60	295	4,917	4,950	2,520	0,324	0,38
8	0,0300	0,449	60	299	4,983				
9	0,0200	0,193	60	160	2,667	2,683	1,366	0,0951	1,02
10	0,0200	0,193	60	162	2,700				
11	0,0177	0,448	60	233	3,883	3,841	1,956	0,195	1,29
12	0,0177	0,448	60	228	3,800				
13	0,0128	0,941	60	258	4,300	4,300	2,189	0,244	2,84
14	0,0128	0,941	60	258	4,300				
15	0,0100	0,195	120	196	1,633	1,633	0,831	0,0352	4,53
16	0,0100	0,195	120	196	1,633				
17	0,0097	0,453	60	145	2,417	2,408	1,226	0,0766	4,90
18	0,0097	0,453	60	144	2,400				
19	0,0050	0,196	120	119	0,991	0,987	0,502	0,0128	14,30
20	0,0050	0,196	120	118	0,983				
21	0,0030	0,452	180	178	0,989	0,994	0,506	0,01305	33,76
22	0,0030	0,452	180	180	1,000				
23	0,0012	0,195	300	57	0,190	0,190	0,0967	0,000476	408,6

zunächst ein wenig grösser, dann aber wieder geringer. Bei den in der Regel vorkommenden Hubhöhen $\frac{d}{8}$ bis $\frac{d}{4}$ wird man, sofern es sich nur um die Befriedigung der gewöhnlich auftretenden Bedürfnisse handelt, nicht weit fehlgreifen, wenn für das vorliegende Kegelventil derselbe Widerstandscoefficient eingeführt wird, wie für das Tellerventil § 3 I. Aus diesem Grunde unterbleibt die Aufstellung einer besonderen Gleichung. Bei Zwecken, welche eine weitergehende

Genauigkeit erfordern, kann auf die Versuchsresultate in Tabelle 12 und auf die Gleichung 15 zurückgegriffen werden.

§ 8. Ventil mit kugelförmiger Dichtungs- und Unterfläche.

Dichtungsfläche des Ventilsitzes kegelförmig, so dass das Ventil in der Mitte dieser Kegelfläche abdichtet.

Fig. 8, Tafel 5.

Querschnittsverhältnisse wie beim Tellerventil § 3 I.

1. Ventilbelastung.

Hinsichtlich der Versuchsergebnisse ist auf Tabelle 13 zu verweisen.

Tabelle 13.

№	Ventil-hub h Meter	Ver-suchs-dauer t Se-kunden	Wasser-menge Q Kilogramm	Wassermenge pro Sekunde $\frac{Q}{t}$ Kilogramm Einzeln	Durch-schnitt	Ge-schwin-digkeit $c = \frac{Q}{1000\,ft}$ Meter	Ge-schwin-digkeits-höhe $\frac{c^2}{2g}$ Meter	Ventil-belastung be-obachtet P_1 Kilogramm
1.	2.	3.	4.	5.	6.	7.	8.	9.
1	0,0352	—	—	—	—	—	—	0,514
2	0,0200	60	273	4,550				
3	0,0200	60	269	4,483	4,516	2,299	0,269	0,524
4	0,0129	60	214	3,567				
5	0,0129	60	208	3,467	3,517	1,791	0,163	0,534
6	0,0053	60	120	2,000				
7	0,0053	60	123	2,050	2,025	1,031	0,0541	0,544
8	0,0020	—	—	—	—	—	—	0,754

Bemerkung: Wird das um 20 mm geöffnete Ventil um 0,02 Kilogramm mehr, also mit 0,544 Kilogramm belastet, so sinkt es bis auf 5,3 mm. Es verhält sich oberhalb dieses Hubs und bei dieser Belastung ziemlich indifferent.

Die Werthe von P für die Niveaudifferenzen 446 bis 454 mm (No. 1, 2 und 3 446 mm, No. 4 und 5 449 mm,

No. 6 und 7 452 mm und No. 8 454 mm) ergaben die in Fig. 1, Tafel 4 durch Strich und Punkt — · — · — · — dargestellte Curve, welche Abnahme der Ventilbelastung mit wachsender Hubhöhe erkennen lässt.

Wir setzen für Hubhöhen von $\dfrac{d}{10}$ bis $\dfrac{d}{4}$

$$\left.\begin{aligned} P = 1000\, f\, \frac{c^2}{2\,g}\left[\varkappa + \left(\frac{d}{4\,\mu\,h}\right)^2\right] \\ \varkappa = 0{,}96 \qquad \mu = 1{,}15 \end{aligned}\right\} \quad \ldots \quad 28$$

Für	$h =$	12,9	5,3	Millimeter
und	$c =$	1,791	1,031	Meter
ergiebt der Versuch	$P_1 =$	0,534	0,544	Kilogramm
die Gleichung 28	$P =$	0,534	0,548	„
also	$P - P_1 =$	0,000	+ 0,004	„
in Procenten	$100\,\dfrac{P - P_1}{P_1} =$	0,0	0,8	„

2. Ventilwiderstand.

Die Versuchsergebnisse enthält Tabelle 14.

Tabelle 14.

№	Ventilhub h Meter	Niveaudifferenz H Meter	Versuchsdauer t Sekunden	Wassermenge Q Kilogramm	Wassermenge pro Sekunde $\frac{Q}{t}$ Kilogramm Einzeln	Durchschnitt	Geschwindigkeit $c=\frac{Q}{1000\,ft}$ Meter	Geschwindigkeitshöhe $\frac{c^2}{2\,g}$ Meter	Widerstandscoefficient $\zeta=\dfrac{H}{\frac{c^2}{2\,g}}-1{,}01$
1.	2.	3.	4.	5.	6.	7.	8.	9.	10.
1	0,0200	0,446	60	273	4,550	4,516	2,299	0,269	0,64
2	0,0200	0,446	60	269	4,483				
3	0,0129	0,449	60	214	3,517	3,517	1,791	0,163	1,74
4	0,0129	0,449	60	208	3,467				
5	0,0053	0,452	60	120	2,000	2,025	1,031	0,0541	7,34
6	0,0053	0,452	60	123	2,050				

Es findet sich, dass die Widerstandscoefficienten für das vorliegende Ventil mit genügender Genauigkeit unter Zugrundelegung der Gleichung 26 beurtheilt werden können, sofern die Additionalconstante 2,6 hier auf 2,7 erhöht wird.

Für	$h =$	12,9	5,3 Millimeter
ergiebt der Versuch	$\zeta =$	1,74	7,34
die Gleichung 26 mit der			
bezeichneten Modification	$\zeta =$	1,70	7,61
also die Gleichung mehr		−0,04	+0,27
in Procenten		−2,3	+3,7

§ 9. Tellerventil mit unterer Führung.

I. Die Rippen besitzen aussen angesetzte Führungsleisten.

Fig. 9, Tafel 5.

Querschnittsverhältnisse wie beim Tellerventil § 3 I.
Ausserdem

Anzahl der Führungsrippen $i = 3$

Breite „ „ aussen, im Durchschnitt oben $s = 7,7$

Stärke „ „ innen, „ „ „ $s_1 = 2,8$

Querschnittsverengung der Ventilsitzöffnung durch die untere Führung um

$$3\,[0,025 \cdot 0,0028 + (0,0077 - 0,0028) \cdot 0,003] = 0,000254 \ \square\text{m}$$

entsprechend

$$0,0254 : 0,001964 = 12,9\%\ \text{dieser Oeffnung.}$$

1. Ventilbelastung.

Die Versuchsergebnisse enthält Tabelle 15.

Die Eintragung der bei $H = 942$ bis 947 beobachteten Werthe von P ergiebt die in Fig. 1, Taf. 3, — ⋯ — ⋯ — ⋯ —

gezeichnete Curve *dd*. Wie ersichtlich, unterscheidet sich dieselbe von den Curven des bisher behandelten Tellerventils dadurch, dass sie nach der anderen Richtung hin geneigt ist; mit Zunahme der Hubhöhe nimmt P ab (vergl. das unter II Gesagte).

Tabelle 15.

№	Ventil-hub h Meter	Ver-suchs-dauer t Se-kunden	Wasser-menge Q Kilogramm	Wassermenge pro Sekunde $\frac{Q}{t}$ Kilogramm Einzeln	Durch-schnitt	Ge-schwin-digkeit $c = \frac{Q}{1000\,ft}$ Meter	Ge-schwin-digkeits-höhe $\frac{c^2}{2g}$ Meter	Ventil-belastung be-obachtet P_1 Kilogramm
1.	2.	3.	4.	5.	6.	7.	8.	9.
1	0,0254	90	460	5,111	5,139	2,616	0,349	1,913
2	0,0254	90	465	5,167				
3	0,0200	—	—	—	—	—	—	1,988
4	0,0126	120	420	3,500	3,496	1,780	0,161	2,088
5	0,0126	120	419	3,492				
6	0,0060	120	235	1,958	1,954	0,995	0,0504	2,143
7	0,0060	120	234	1,950				

Bemerkungen: Bei 25,4 mm Hub und der angegebenen Belastung sinkt das Ventil um etwa 1,5 mm, steigt dann wieder bis zur Hubbegrenzung (25,4 mm), bleibt einige Zeit stehen, sinkt dann wieder u. s. f.

Bei der Belastung von 1,988 Kilogramm schwankt das Ventil um 20 mm Hubhöhe auf und nieder; Schwankungen betragen etwa 2,5 mm.

Mit 2,088 Kilogramm belastet, hält sich das Ventil einige Zeit bei 12,6 mm Hubhöhe, steigt dann ein wenig, sinkt wieder bis 12,6 mm. In die Höhe gezogen sinkt das Ventil langsam bis auf 12,6 mm.

Mit 2,143 Kilogramm belastet, steht das Ventil bei 6 mm Hubhöhe ziemlich ruhig. Wird es gehoben, sinkt es bis auf diese Lage zurück.

Wir setzen unter Berücksichtigung, dass hier

$$u = \pi d - i s$$

nach Gleichung 3 für Hubhöhen $\frac{d}{10}$ bis $\frac{d}{4}$

$$P = 1000\,f\,\frac{c^2}{2g}\left[\varkappa + \left(\frac{f}{\mu\,h\,(\pi d - i s)}\right)^2\right]\right\} \quad . \quad . \quad . \quad . \quad 29$$

$$\varkappa = 2{,}18 \qquad \mu = 0{,}553$$

Für	$h =$	12,6	6,0	Millimeter
und	$c =$	1,780	0,995	Meter
liefert der Versuch	$P_1 =$	2,088	2,143	Kilogramm

die Gleichung 29 mit

$$\pi d - i\,s = 0,1571 - 3.0,0077 = 0,134 \text{ m}$$

$$P = \quad 2,087 \quad 2,143 \text{ Kilogramm}$$

also diese mehr $\quad P - P_1 = -0,001 \quad +0,000 \qquad$ „

in Procenten $\quad 100\,\dfrac{P - P_1}{P_1} = \quad 0,0 \qquad 0,0 \qquad$ „

2. Ventilwiderstand.

Die Resultate der Versuche befinden sich in Tabelle 16.

Tabelle 16.

№	Ventil-hub h Meter	Niveau-differenz H Meter	Ver-suchs-dauer t Se-kunden	Wasser-menge Q Kilogramm	Wassermenge pro Sekunde $\frac{Q}{t}$ Kilogramm Einzeln	Durch-schnitt	Ge-schwin-digkeit $c = \frac{Q}{1000\,f\,t}$ Meter	Ge-schwindig-keitshöhe $\frac{c^2}{2\,g}$ Meter	Wider-stands-coefficient $\zeta = \frac{H}{\frac{c^2}{2\,g}} - 1,01$
1.	2.	3.	4.	5.	6.	7.	8	9.	10.
1	0,0254	0,088	180	277	1,539	1,539	0,784	0,0313	1,80
2	0,0254	0,088	180	277	1,539				
3	0,0254	0,942	90	460	5,111	5,139	2,616	0,349	1,68
4	0,0254	0,942	90	465	5,167				
5	0,0195	0,0885	300	403	1,343	1,341	0,683	0,0238	2,71
6	0,0195	0,0885	300	402	1,340				
7	0,0129	0,0885	240	256	1,067	1,065	0,542	0,0149	4,93
8	0,0129	0,0885	240	255	1,063				
9	0,0126	0,943	120	420	3,500	3,496	1,780	0,161	4,84
10	0,0126	0,943	120	419	3,492				
11	0,0086	0,091	240	198	0,825	0,816	0,415	0,00878	9,35
12	0,0086	0,091	180	146,5	0,814				
13	0,0086	0,091	240	194	0,808				
14	0,0060	0,947	120	235	1,958	1,954	0,995	0,0504	17,78
15	0,0060	0,947	120	234	1,950				
16	0,0045	0,091	240	117,5	0,490	0,489	0,249	0,00316	27,78
17	0,0045	0,091	240	117,0	0,488				
18	0,0045	0,091	240	117,5	0,490				

An die Stelle der Gleichung 10 tritt hier, da

$$u = \pi d - i s$$

$$\zeta = \alpha + \beta \left(\frac{d^2}{(\pi d - i s)\, h} \right)^2 \ \ldots \ \ldots \ 30$$

Für die Hubhöhen

$$\frac{d}{8} \ \text{bis} \ \frac{d}{4}$$

setzen wir

$$\zeta = 1{,}35 + 1{,}7 \left(\frac{d^2}{(\pi d - i s)\, h} \right)^2 \ \ldots \ \ldots \ 31$$

Für	$h =$	12,9	12,6	8,6	6 mm
liefert der Versuch	$\zeta =$	4,93	4,84	9,35	17,78
die Gleichung 30	$\zeta =$	4,91	5,08	9,36	17,78
also die Gleichung mehr		−0,02	+0,24	+0,01	+0,00
in Procenten		−0,4	+5,0	+0,1	+0,0

Mit Ausnahme des augenscheinlich mit einem grösseren Beobachtungsfehler behafteten Werthes für die Hubhöhe 12,6 mm ist die Uebereinstimmung zwischen den Versuchsresultaten und der Gleichung 30 eine sehr befriedigende.

II. Die Stärke
der Führungsrippen nimmt allmählich nach aussen zu.

Fig. 10, Tafel 5.

Querschnittsverhältnisse wie beim Tellerventil § 3 I. Ausserdem

Anzahl der Führungsrippen $\qquad\qquad\qquad i = 3$

Stärke   „   „   aussen im Durchschnitt $s = 8$ mm

„   „   „   innen   „   „ $= 2{,}4$ „

Querschnittsverengung der Ventilsitzöffnung durch die untere Führung um $3.0{,}025 \dfrac{0{,}008 + 0{,}0024}{2} = 0{,}00039 \ \Box\text{m},$

entsprechend

$$0,039 : 0,001964 = 19,8\%$$

dieser Oeffnung.

1. Ventilbelastung.

Tabelle 17 enthält das Ergebniss der Versuche.

Die Eintragung der bei $H = 943$ bis 949 mm beobachteten Werthe von P in Fig. 1, Tafel 3 ergiebt die daselbst — ·· — ·· — ·· — gezeichnete Curve dd. Bei kleinen Hubhöhen wächst P mit h, erreicht in 2,152 Kilogramm seinen grössten Werth (die zugehörige Hubhöhe liess sich nicht genau ermitteln) und nimmt mit weiter wachsender Hubhöhe wieder ab. Die Curve hat demnach im Abstande 2,152 Kilogramm eine vertikale Tangente. Bei Hubhöhen, welche unterhalb dieses Culminationspunktes liegen, wird hiernach die Kraft, welche der Flüssigkeitsstrom gegenüber dem Ventile bethätigt,

Tabelle 17.

№	Ventil-hub h Meter	Ver-suchs-dauer t Se-kunden	Wasser-menge Q Kilogramm	Wassermenge pro Sekunde $\frac{Q}{t}$ Kilogramm Einzeln	Durch-schnitt	Ge-schwin-digkeit $c = \frac{Q}{1000\,ft}$ Meter	Ge-schwin-digkeits-höhe $\frac{c^2}{2g}$ Meter	Ventil-belastung be-obachtet P_1 Kilogramm
1.	2.	3.	4.	5.	6.	7.	8.	9.
1	0,0255	90	435	4,833	4,861	2,475	0,312	1,747
2	0,0255	90	440	4,889				
3	0,0191	120	504	4,200	4,154	2,115	0,228	1,947
4	0,0191	120	493	4,108				
5	0,0094	120	333	2,775	2,779	1,415	0,102	2,147
6	0,0094	120	334	2,783				
7	Bei 2,152 Kilogramm Belastung sinkt das Ventil langsam bis auf seinen Sitz. An keiner Stelle hält es sich im Gleichgewicht.							
8	0,0045	120	208	1,733	1,708	0,869	0,0385	2,117
9	0,0045	120	202	1,683				
10	0,0008	—	—	—	—	—	—	1,627

und mit welcher er auf Offenhaltung desselben hinwirkt, mit wachsender Erhebung zunehmen, bei oberhalb gelegenen Hubhöhen wird diese Kraft mit wachsender Erhebung sich vermindern.

Wir unterlassen die Aufstellung einer Gleichung für die vorliegende Construction, in Anbetracht der aus dem Nachstehenden folgenden Thatsache, dass dieselbe einen grösseren Widerstandscoefficienten liefert, also das unter Punkt I dieses Paragraphen behandelte Ventil und daher hinter demselben zurücksteht.

2. Ventilwiderstand.

Die Versuchsresultate finden sich in Tabelle 18.

Tabelle 18.

№	Ventilhub h Meter 2.	Niveaudifferenz H Meter 3.	Versuchsdauer t Sekunden 4.	Wassermenge Q Kilogramm 5.	Wassermenge pro Sekunde $\frac{Q}{t}$ Kilogramm Einzeln 6.	Durchschnitt 7.	Geschwindigkeit $c=\frac{Q}{1000\,ft}$ Meter 8.	Geschwindigkeitshöhe $\frac{c^2}{2g}$ Meter 9.	Widerstandscoefficient $\zeta=\dfrac{H}{\frac{c^2}{2g}}-1{,}01$ 10.
1	0,0256	0,0885	180	258	1,433	1,433	0,729	0,0271	2,25
2	0,0256	0,0885	180	258	1,433				
3	0,0255	0,943	90	435	4,833	4,861	2,475	0,312	2,01
4	0,0255	0,943	90	440	4,889				
5	0,0191	0,943	120	504	4,200	4,154	2,115	0,228	3,12
6	0,0191	0,943	120	493	4,108				
7	0,0126	0,0895	180	177	0,983	0,984	0,501	0,0128	5,98
8	0,0126	0,0895	180	177,5	0,986				
9	0,0094	0,946	120	333	2,775	2,779	1,415	0,102	8,26
10	0,0094	0,946	120	334	2,783				
11	0,0083	0,0905	180	136	0,7555	0,7555	0,384	0,00753	11,01
12	0,0083	0,0905	180	136	0,7555				
13	0,0045	0,948	120	208	1,733	1,708	0,869	0,0385	23,61
14	0,0045	0,948	120	202	1,683				
15	0,0042	0,092	240	111	0,462	0,463	0,235	0,00282	31,61
16	0,0042	0,092	240	111,3	0,464				

Bestimmt man bei $h = 12,6$ bezieh. $8,3$ Millimeter die Coefficienten α und β der Gleichung 29, so ergiebt sich unter Berücksichtigung, dass hier $\pi d - i s = 50 \pi - 3 \cdot 8 = 133$ mm

$$\zeta = 2,15 + 1,73 \left(\frac{d^2}{(\pi d - i s)\, h} \right)^2 \quad \ldots \ldots \quad 32$$

Diese Gleichung zeigt, dass der Widerstandscoefficient des Ventils Fig. 10 grösser ist als derjenige des Ventils Fig. 9, für welche Gleichung 31 gilt. Sie lässt ferner erkennen, dass dieses Plus vorzugsweise in der Additionalconstanten liegt, entsprechend dem Umstande, dass die Querschnittsverengung durch die Rippen hier mehr, nämlich $19,8\,\%$ gegenüber $12,9\,\%$ dort beträgt. Die vom Verfasser früher an anderer Stelle ausgesprochene Ansicht, die Führungsleisten (Fig. 9) könnten den radialen Ausfluss des Wassers so stark beeinträchtigen, dass die allmähliche Verstärkung der Rippen nach aussen den Vorzug verdiene (Fig. 10), wird dadurch widerlegt.

§ 10. Constructionsregeln,
Zusammenfassung der erlangten Erfahrungsresultate.

Mit den Bezeichnungen

P die Ventilbelastung, d. h. die Kraft, mit welcher das geöffnete Ventil belastet werden muss, um sich in dieser Lage gegenüber der von der strömenden Flüssigkeit bethätigten Wirkung im Gleichgewicht zu halten,

d der Durchmesser der Ventilsitzöffnung (Fig. 2, Tafel 5),

$f = \dfrac{\pi}{4}\, d^2$ der Querschnitt der Ventilsitzöffnung,

h die Hubhöhe des Ventils,

i die Anzahl der Rippen im Falle unterer Führung des Ventils durch Rippen (Fig. 9 und 10, Tafel 5),

s die Breite der Führungsrippen, gemessen auf dem Umfange πd,

b die radiale Breite der Dichtungsfläche $d = \dfrac{1}{2}(d_1 - d)$ (Fig. 2, Tafel 5),

c die Geschwindigkeit, mit welcher das Wasser unter dem Ventil ankommt, also durch f fliesst,

$g = 9,81$ der Beschleunigung der Schwere,

ζ der Widerstandscoefficient für das Ventil derart, dass die Widerstandshöhe, welche die gesammten durch das Ventil verursachten hydraulischen Bewegungswiderstände misst, $\zeta\,\dfrac{c^2}{2\,g}$ beträgt,

$\alpha\ \beta\ \gamma\ \varkappa\ \mu$ Erfahrungscoefficienten,

und mit dem Meter als Längen-, dem Quadratmeter als Flächen-, dem Kilogramm als Gewichtseinheit gelten die Gleichungen

$$P = 1000 f\,\frac{c^2}{2\,g}\left[\varkappa + \left(\frac{d}{4\,\mu\,h}\right)^2\right] \quad \dots \dots \quad \text{I}$$

$$P = 1000 f\,\frac{c^2}{2\,g}\left[\varkappa + \left(\frac{d^2}{\mu\,(\pi d - i\,s)\,h}\right)^2\right] \quad \dots \quad \text{II}$$

$$\zeta = \alpha + \beta\left(\frac{d}{h}\right)^2 \quad \dots \dots \dots \quad \text{III}$$

$$\zeta = \alpha + \beta\left(\frac{d^2}{(\pi d - i\,s)\,h}\right)^2 \quad \dots \dots \quad \text{IV}$$

$$\zeta = \alpha + \beta\left(\frac{d}{h}\right) + \gamma\left(\frac{d}{h}\right)^2 \quad \dots \dots \quad \text{V}$$

Im Besonderen ist żu nehmen:

1. Für Tellerventile ohne untere Führung nach Massgabe der Fig. 2, Tafel 5 bei Hubhöhen

$$h = \frac{d}{10} \text{ bis } \frac{d}{4}$$

Gleichung I

mit $\varkappa = 2{,}5 + 19 \dfrac{b - 0{,}1\,d}{d}$ bei Breiten b von $\dfrac{d}{10}$ bis $\dfrac{d}{4}$,

$\mu = 0{,}60$ bis $0{,}63$

Gleichung II

mit $\alpha = 0{,}55 + 4 \dfrac{b - 0{,}1\,d}{d}$ bei Breiten b von $\dfrac{d}{10}$ bis $\dfrac{d}{4}$,

$\beta = 0{,}15$ bis $0{,}16$

Ob die Gestaltung der Unterfläche d. h. der dem Wasserstrome zugekehrten Stirnfläche des Ventiles von der Ebene abweicht, sich derjenigen in Fig. 4 oder 5 nähert, das beeinflusst die angegebenen Coefficienten nur wenig, immerhin aber ist es von Wichtigkeit zu beachten, dass ζ für das Ventil Fig. 4 kleiner, dagegen für das Ventil Fig. 5 grösser ist als für das Ventil 2. Die Breite der Dichtungsfläche erweist sich viel einflussreicher, als die Form der Unterfläche des Ventils.

2. Für Tellerventile mit unterer Führung nach Massgabe der Fig. 9, Tafel 5 bei Hubhöhen $h = \dfrac{d}{8}$ bis $\dfrac{d}{4}$

Gleichung II mit Werthen von $\varkappa$ und μ, welche um 10% kleiner sind als die unter 1 gegebenen,

Gleichung IV mit Werthen von α, welche die unter 1 gegebenen um $0{,}8$ bis $1{,}6$ überschreiten, entsprechend einer Verengung des Querschnitts der Ventilöffnung durch die Führungsrippen um 13 beziehungsweise $20^0/_0$, d. h. auf 0,87 bezw. 0,8 f,

$$\beta = 1,7 \text{ bis } 1,75$$

Der Widerstandscoefficient ζ ist bei unterer Führung ganz bedeutend grösser als ohne solche.

3. Für Kegelventile mit ebener Unterfläche nach Massgabe der Fig. 6, Tafel 5.

Gleichung I mit $\varkappa = -1,05$

$$\mu = 0,89$$

bei Hubhöhen $h = 0,1\, d$ bis $0,15\, d$ $(b = 0,1\, d)$

Gleichung V mit $\alpha = 2,6$

$$\beta = -0,8$$
$$\gamma = 0,14$$

bei Hubhöhen $h = \dfrac{d}{10}$ bis $\dfrac{d}{4}$ $(b = 0,1\, d)$

Die veränderliche Führung des seitlich ausströmenden Wassers hat plötzliche Aenderungen von P zur Folge (§ 6, 1).

Der Widerstandscoefficient ist wesentlich kleiner als bei den unter 1 gedachten Ventilen.

4. Für Kegelventile mit kegelförmiger Unterfläche nach Massgabe der Fig. 7, Tafel 5 bei Hubhöhen von

$$\frac{d}{8} \text{ bis } \frac{d}{4}$$

Gleichung I mit $\varkappa = 0,38$

$$\mu = 0,68$$

Gleichung III mit $\alpha = 0,6$

$$\beta = 0,15$$

Der Widerstandscoefficient erweist sich bedeutend grösser als für die unter 3 genannten Kegelventile.

5. Für Ventile mit kugelförmiger Unterfläche auf kegelförmiger Sitzfläche nach Massgabe der Fig. 8, Taf. 5

bei Hubhöhen von $\dfrac{d}{10}$ bis $\dfrac{d}{4}$

Gleichung I mit $\varkappa = 0{,}96$

$\mu = 1{,}15$

Gleichung V mit $\alpha = \quad 2{,}7$

$\beta = -\ 0{,}8$

$\gamma = \quad 0{,}14$

Diese Angaben setzen voraus, dass (Fig. 2, Tafel 5)

$$\frac{\pi}{4}\,(d_2{}^2 - d_1{}^2) = 1{,}8\,\frac{\pi}{4}\,d^2 = 1{,}8\,f$$

d. h. dass der ringförmige Querschnitt zwischen Ventilteller und Gehäusewandung um 80% grösser ist, als die Ventilöffnung.

Bei Ermittelung der Erfahrungszahlen waren die Versuchsventile 1, 3 bis 5 an der ganzen Unterfläche sauber bearbeitet, die Versuchsventile 2 dagegen nur an der Dichtungsfläche und an den führenden Flächen der Rippen. Die Gehäusewandungen blieben unbearbeitet.

Bezüglich der Zahlen, welche zu benutzen sind, wenn h über $\dfrac{d}{4}$ hinaus und unter $\dfrac{d}{10}$ hinuntergeht, muss auf das Frühere erwiesen werden.

Hinsichtlich der Veränderlichkeit der Grösse P mit h bei annähernd gleicher Druckhöhe sei unter Bezugnahme auf die in § 2 bis § 9 enthaltenen Einzelheiten, namentlich auch unter Hinweis auf die Figuren 1 der Tafeln 3 und 4, nur hervorgehoben:

a) dass P bei den unter 1 gedachten Ventilen mit h wächst und zwar um so entschiedener, je grösser die Dichtungsfläche, so dass also bei Ausfluss unter constantem

Druck das öffnende Ventil das Bestreben hat, immer weiter zu öffnen,

b) dass bei dem unter 3 genannten Ventile innerhalb des Gebietes der Hubhöhen, für welche P ermittelt werden konnte, diese Grösse mit h abnimmt, so dass demnach bei Ausfluss unter constantem Druck das öffnende Ventil die Neigung hat, sich auf eine geringe Hubhöhe zu beschränken.

Tellerventile mit sehr schmaler Sitzfläche dürften sich ähnlich verhalten.

Buchdruckerei von Gustav Schade (Otto Francke) in Berlin N.

Additional material from *Versuche über Ventilbelastung und Ventilwiderstand*, ISBN 978-3-662-31779-2, is available at http://extras.springer.com